$V.$ 2152.
Red.

LE GUIDE

DU

COMMERÇANT,

DE L'IMPRIMERIE DE C.-F. PATRIS.

Et se trouve aussi,

CHEZ
DELANCE et BELIN, rue des Mathurins-Saint-Jacques, hôtel Cluni;
LENORMANT, rue de Seine Saint-Germain;
NICOLLE, même rue, hôtel de la Rochefoucault;
CHEVALIER, négociant, cloître Saint-Médéric;
DERICQUEHEM, marchand papetier, rue St.-Victor, n° 112;
PATRIS et Cie, quai Napoléon, au coin de la rue de la Colombe, n° 4 dans la Cité.

LE
GUIDE DU COMMERÇANT,

OU

TABLEAU BARÊME

De la réduction des pièces d'or et d'argent en francs et
en livres tournois.

TROISIÈME ÉDITION,

Précédée d'une Instruction élémentaire sur le calcul des nombres avec
fractions décimales, et de l'exposition du système métrique;

ET SUIVIE

D'une Table de réduction des livres tournois en francs et centimes,
conformément à la loi du 17 floréal an 7;

D'un Tableau présentant le prix en francs et en livres tournois des
marchandises vendues au demi-kilogramme, au demi-quintal
métrique et au décalitre, d'après le prix des anciennes mesures
analogues;

De plusieurs Tables de comparaison des nouveaux poids et mesures
aux anciens, et réciproquement des anciens aux nouveaux;

D'une Table du taux auquel les pièces d'argent de 6 s., 12 s., 24 s.,
3 liv. et 6 liv., et les pièces d'or de 24 liv. et de 48 liv. seront
reçues aux hôtels des monnaies;

D'un Tarif de l'escompte en dehors connu sous le nom de remise
pour prompt paiement;

D'un Tableau figuratif des nouveaux poids et des nouvelles mesures;

D'un Tableau à l'usage des marchands détaillants et des personnes qui
achètent en détail.

PAR DERICQUEHEM,

Sous-chef au trésor public, auteur du *Vocabulaire des nouveaux Poids et Mesures.*

Terminée par un Tableau de réduction en francs des monnaies
étrangères ayant cours dans l'Empire;

Par T.

Ouvrage utile à MM. les banquiers, agents de change, négociants,
courtiers, marchands, agents d'affaires, etc. etc.

PRIX : 1 f. 50 c.; 1 f. 75 c. franc de port et 2 f. chez
l'Etranger.

A PARIS,

Chez { L'AUTEUR, rue Guénégaud, n° 14;
{ GUEFFIER jeune, éditeur, rue Galande, n° 61.

1810.

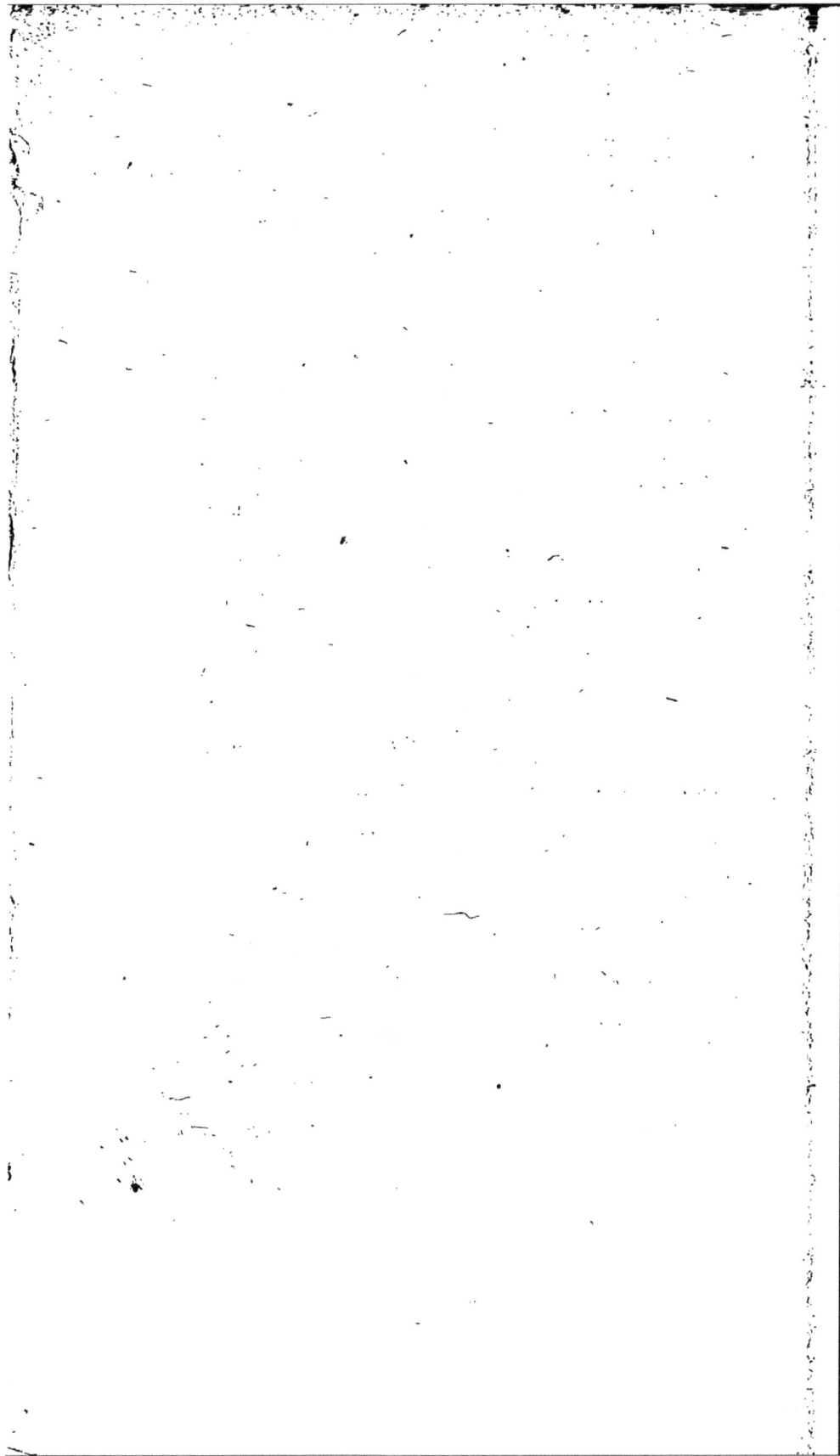

AVANT PROPOS.

l'ÉTABLISSEMENT de l'uniformité des poids mesures dans toute l'étendue de l'empire inçais, est sans contredit un des grands pas ts vers la perfection de l'ordre social. Enfin te prodigieuse diversité de mesures répan-es sur le sol de la France, et qui n'étaient opres qu'à favoriser les spéculations téné-euses et à entretenir l'ignorance, va faire ice à un système unique dont toutes les bases nt immuables comme la nature elle-même : te conception ne peut qu'honorer la nation l'a produite.

l'ordre établi entre les nouvelles mesures ce système, dont nous allons exposer les ncipes, présente une simplicité et une faci-si palpables pour toutes les opérations hmétiques, qu'on ne pourrait de bonne foi

1

se refuser de lui accorder la supériorité sur l'ancienne méthode.

Dans le calcul usité jusqu'ici, les unités principales étaient subdivisées en de nouvelles unités dont les rapports irréguliers offraient dans les opérations des difficultés fatigantes. Par exemple, s'agissait-il d'additionner plusieurs fractions d'aune pour en extraire les entiers? combien de personnes se trouvaient arrêtées parce que ce genre d'opérations ne leur était point familier! Fallait-il diviser un nombre complexe par un autre aussi complexe? quel embarras et quelle longueur, dont à peine on pouvait sortir avec effort !

Le système décimal, au contraire, a pour objet de débarrasser l'arithmétique de cette complication, en réduisant tous les calculs possibles à la même méthode de ceux des nombres entiers. Le nombre 10 y est déterminé pour diviseur unique. Dans chaque genre de mesures les subdivisions sont toutes décimales, c'est-à-dire qu'elles sont successivement dix fois plus petites les unes que les autres. Par ce moyen il ne sera plus besoin de recourir, pour exprimer une quantité quelconque, à d'autres unités ayant entre elles des rapports variés dans un même nombre, comme 15 livres 4 onces 3 gros 26 grains; ou 24 toises 4 pieds 3 pouces 8 lignes. Il n'y aura désormais que l'unité principale dont les subdivisions étant dans un ordre décimal, ne présenteront aucune des difficultés qu'engendraient ces nombres complexes. De plus, comme les divisions des nouvelles mesures sont les mêmes que celles de la monnaie, il suffira de savoir la valeur de l'unité, pour connaître sans calcul, celle de ses parties : avantage que l'on n'avait point dans l'ancienne méthode lorsqu'il s'agissait de déterminer la valeur de l'once, du gros d'une sorte de marchandise, d'après le prix connu de la livre. Dans l'exposition que nous allons faire des règles à suivre pour la pratique de ce calcul, nous découvrirons d'autres avantages non moins précieux, et chacun sentira combien il importe de s'y familiariser.

Exposition du système métrique.

L'unité fondamentale du système métrique est la distance du pôle à l'équateur, ou le quart du méridien terrestre. Cette distance répond à 30784440 pieds. Elle a été divisée par dix un certain nombre de fois, et la septième division a donné 3 pieds 078444. C'est à cette longueur, qui est la dix-millionième partie du quart du méridien terrestre, qu'on a donné le nom de mètre, et on l'a prise pour élément de toutes les nouvelles mesures.

Le mètre linéaire est l'élément des mesures d'étendue.

Le mètre carré est l'élément des mesures

de superficie, dont l'are, qui est l'unité principale de cette classe de mesures, en contient dix.

Le mètre cube est l'élément des mesures de solidité : il en est l'unité principale, sous le nom de stère.

Le décimètre cube, ou la millième partie du mètre cube, est l'élément des mesures de capacité. On l'a appelé litre, pour servir d'unité principale à cette classe de mesures; et sa contenance est celle d'un vase de forme cubique, ayant pour côté la dixième partie du mètre.

C'est également au mètre que se rapportent les poids et les monnaies. On a donné le nom de gramme au poids d'un centimètre cube d'eau distillée, ou à une quantité d'eau distillée contenue dans un vase de forme cubique, ayant pour côté la centième partie du mètre, et pesée dans le vide et à la température de la glace fondante. Cette quantité d'eau distillée répond à 18 grains 82715.

Le franc, unité principale des nouvelles monnaies, pèse 5 grammes; le quintuple, ou la pièce de 5 francs pèse 25 grammes. Le titre est neuf parties de métal pur et une d'alliage.

INSTRUCTIONS

ÉLÉMENTAIRES

SUR LE CALCUL DES FRACTIONS DÉCIMALES.

Numération des Fractions décimales.

Par le même principe qui a servi à décupler l'unité principale pour former, en allant de droite à gauche, des dixaines, des centaines, des mille, etc., qui composent une suite ascendante d'unités, on a créé dans le système décimal, en allant de gauche à droite, une nouvelle série d'unités qui sont successivement subdécuples les unes des autres, c'est-à-dire, la dixième, la centième, la millième, la dix-millième, etc., partie de l'unité principale; ce sont ces nouvelles unités que l'on a appelées parties ou fractions décimales, et on en connaît la valeur dès que l'on sait quel chiffre exprime l'unité principale.

La démarcation des fractions décimales
d'avec les unités principales se fait en écrivant
après celles-ci la lettre initiale de la mesure
prise pour unité ou simplement un point, appelé pour cette raison point décimal; ensuite
on écrit à sa droite la fraction décimale.

Comme par la nature du nouveau système
les subdivisions de l'unité principale suivent
toujours le rapport décimal, il est clair que le
premier chiffre qui vient après le point exprime des dixièmes de l'unité qui le précède;
le second exprime des dixièmes de ces mêmes
dixièmes, ou des centièmes de l'unité principale; le troisième exprime des dixièmes des
centièmes, ou des centièmes des dixièmes,
ou enfin des millièmes de l'unité principale;
le quatrième exprime des dixièmes de ces
millièmes, ou des centièmes des centièmes,
ou des millièmes des dixièmes, ou enfin des
dix-millièmes de l'unité principale; ainsi de
suite.

Vous voyez qu'il en est des fractions décimales comme des unités principales, où un
chiffre devient dix fois plus petit à mesure
qu'il descend vers la droite, et réciproque-

ment il devient dix fois plus grand à mesure
qu'il avance d'un rang vers la gauche. Appli-
quons ce que nous venons de dire à des
exemples : soit à énoncer le nombre 842.6835.
D'abord les trois premiers chiffres écrits à
gauche du point décimal désignent 842 unités
(ce sera si vous voulez des francs ou des
mètres, ou des kilogrammes, c'est indifférent,
parce que leurs subdivisions sont toutes dans
un même ordre : aussi quand on saura opérer
pour une espèce d'unités, on le saura également
ment pour toutes les autres). Revenons à notre
exemple : le chiffre 6 qui vient après le point
désigne 6 dixièmes de l'unité simple qui le
précède immédiatement ; le chiffre 8 en désigne 8 centièmes ; le chiffre 3 en désigne 3
millièmes, et le chiffre 5 en désigne 5 dix-
millièmes : donc le nombre proposé peut s'é-
noncer de cette manière, 842 unités 6 dixièmes 8 centièmes 3 millièmes et 5 dix-millliè-
mes de l'unité simple. Le même nombre peut
encore s'exprimer de cette manière : 842 unités
6835 dix-millièmes, parce que chaque unité
de dixième vaut une dixaine de centièmes, une
centaine de millièmes, et mille dix-millièmes ;

1.

que chaque unité de centièmes vaut une dixaine de millièmes et une centaine de dix-millièmes, et que chaque unité de millièmes vaut une dixaine de dix-millièmes. — On peut encore énoncer le même nombre de cette manière : 8 millions 426 mille 835 dix-millièmes ; en considérant les dix-millièmes comme faisant la fraction d'unités simples, et que les valeurs des unités des sept chiffres sont continuellement décuples les unes des autres en allant de droite à gauche.

S'il arrivait, par le résultat d'une opération, qu'une des colonnes des parties décimales ne fût pas occupée par un chiffre, il faudrait y mettre le signe explétif o destiné à indiquer les places vacantes qui influent sur les valeurs des chiffres suivants. Par exemple, douze unités six centièmes s'écrivent ainsi 12.06, douze unités six millièmes 12.006 ; de même s'il n'y avait point d'unités principales, il faudrait écrire un zéro pour en tenir lieu ; ainsi 0.422, c'est-à-dire, zéro unité quatre cent vingt-deux millièmes d'unité.

On peut écrire à la suite du dernier chiffre significatif de la droite plusieurs zéros sans

altérer pour cela ni même augmenter la valeur du nombre. Par exemple, le nombre
44.21 ne changerait pas de valeur, bien que
l'on écrivît à sa place 44.210 ou 44.2100 ; parce
que chaque centième valant dix millièmes
ou cent dix-millièmes, les 21 centièmes du
nombre proposé sont égaux à 210 millièmes
ou à 2100 dix-millièmes. De même lorsqu'on
rencontre à la droite des parties décimales
des zéros non suivis de caractéres significatifs,
on peut les supprimer sans craindre d'altérer
la valeur du nombre : ainsi 24.35000 cent-millièmes sont égaux à 24.35 centièmes.

Nous avons dit plus haut que le point décimal faisait la séparation des parties décimales
d'avec les unités principales ; nous allons voir
maintenant que, par le moyen de son déplacement, on peut rendre un nombre dix fois,
cent fois, mille fois, etc., plus petit ou plus
grand selon qu'il est avancé plus ou moins
vers la droite ou vers la gauche des unités
principales. Supposons, par exemple, qu'on
veuille rendre le nombre 691^f.432 dix fois plus
grand ; il suffirait de reculer le point d'un
rang vers la droite de cette manière 6914^f.32.

Vous apercevez que les centaines du nombre proposé sont devenues des mille ; les dixaines, des centaines ; les unités, des dixaines ; les dixièmes, des unités ; les centièmes, des dixièmes ; et les millièmes, des centièmes. Donc, en reculant le point décimal d'un rang vers la droite, nous avons rendu la valeur de chaque chiffre dix fois plus grande, et par conséquent le nombre lui-même est devenu dix fois plus grand.

Au contraire, en avançant le point d'un rang vers la gauche, nous rendrions le nombre dix fois plus petit, puisque la valeur de chaque chiffre deviendrait dix fois plus petite. Nous le rendrons cent fois, mille fois, etc., plus petit, si nous avançons le point de deux rangs, de trois rangs, etc., vers la gauche : il deviendrait successivement $69^f.1432 - 6^f.91432 - 0^f.691432$.

On voit, par ce qui vient d'être dit, que dans toutes les opérations arithmétiques, l'attention doit se porter sur la place que doit occuper le point décimal, dont le déplacement influe sur la valeur du nombre proposé.

Addition des Nombres avec fractions décimales.

Pour additionner plusieurs nombres accompagnés de parties décimales, on opère de la même manière que si ces nombres ne contenaient que des entiers, en observant de les écrire les uns sous les autres, de sorte que les unités de même espèce coincident sur une même colonne verticale, c'est-à-dire, les dixièmes avec les dixièmes, les centièmes avec les centièmes, les millièmes avec les millièmes, etc. L'addition se fait ensuite en commençant par les unités de la plus petite espèce; et lorsque le résultat de l'addition est donné, on sépare vers la droite, avec le point décimal, un nombre de décimales égal à celui du nombre qui en contient le plus parmi ceux qui ont été additionnés.

Ier EXEMPLE.

On propose de joindre ensemble les nombres 821f.464—3694f.20—4790f.12—32f.168 et 246f.32.

Position.

821.464

3694.20

4790.12

32.468

246.32

Somme. . 9584.572

Après avoir rangé ces cinq nombres les uns sous les autres, en sorte que tous les points se trouvent dans la même colonne, on les additionne comme s'ils étaient sans fractions, et le résultat donne 9584ᶠ.572 millièmes.

IIᵉ EXEMPLE.

Soit à ajouter les nombres 32 mètres 82 centimètres, 3 décimètres, 4 centimètres et 5 millimètres.

Position.

32.82

0.3

0.04

0.005

Somme. . . 33.165

Il peut arriver, comme à cet exemple, que parmi les nombres à additionner il s'en trouve qui n'aient que des fractions décimales, il suffit alors d'écrire un zéro à la place des unités principales pour en tenir lieu, et un ou plusieurs zéros aux fractions décimales suivant que le cas l'exige ; ensuite on fait l'addition à l'ordinaire.

La somme des nombres ajoutés ensemble est 33.^{m}165 millièmes ou millimètres.

Soustraction des Nombres avec fractions décimales.

On soustrait d'après les mêmes principes les nombres qui contiennent des fractions décimales. On écrit d'abord les deux nombres sur deux lignes, le plus petit sous le plus grand, en sorte que les unités de même espèce se trouvent dans la même colonne, c'est-à-dire, les dixièmes avec les dixièmes, les centièmes avec les centièmes ; et ensuite on opère comme si les nombres étaient sans fractions et en commençant par les unités du plus bas ordre.

Ier EXEMPLE.

Soit proposé de soustraire 2790^f.90 de 4587^f.64.

Position.

De. . 4587.64

ôtez. . 2790.90

reste. . 1796.74

Le résultat donne pour reste 1796ˡ.74ᶜ.

Lorsqu'un nombre, dont on veut en soustraire un autre, ne contient que des dixièmes
ou des centièmes, tandis que celui à soustraire
renferme des dixièmes, des centièmes, des
millièmes, etc., il faut suppléer dans le premier nombre, pour faciliter l'opération, les
places vacantes, par des zéros ; ce qui, comme
nous l'avons déjà fait remarquer, n'altère ni
n'augmente aucunement la valeur du nombre ;
l'opération se fait ensuite comme à l'ordinaire.

IIᵉ EXEMPLE.

On veut soustraire 299ˡ.495 de 348ˡ.2.

Position.

De. . 348.200

ôtez. . 299.495

reste. 48.705

Comme le nombre dont on doit soustraire a

deux décimales de moins que l'autre, pour faciliter l'opération il faut y ajouter deux zéros.

Le reste est donc 48^f.705.

Multiplication des Nombres avec fractions décimales.

La multiplication des nombres décimaux s'opère comme celle des nombres entiers. Seulement quand l'opération est faite, on sépare vers la droite, par le moyen du point décimal, autant de chiffres décimaux qu'il y en a en tout dans le multiplicande et le multiplicateur pris ensemble ; par exemple, s'il se trouvait trois décimales au multiplicande, et une au multiplicateur, ce serait quatre décimales à séparer sur la droite du produit, et ces quatre chiffres désigneraient des fractions décimales.

Ier EXEMPLE.

On demande la valeur de 342 mètres 35 centimètres d'étoffe à raison de 18 francs le mètre.

Position.

34235

18ᶠ
_____

273880

34235
_____

616230
_____

Produit. . . 6162 francs 30 centimes.

Conséquemment à ce que nous venons de dire, pour opérer cet exemple, on multiplie comme à l'ordinaire les deux nombres, l'un par l'autre, sans avoir égard aux fractions décimales du multiplicande, on a pour le produit 616230; mais comme il y a 35 centimètres au multiplicande, le produit qui renferme 18 fois ces 35 centimètres, doit nécessairement avoir des centièmes à sa droite; donc, il faut séparer deux chiffres vers la droite du premier produit: on a alors 6162 francs 30 centimes pour la valeur demandée.

IIᵉ EXEMPLE.

Combien coûteront 352 kilogrammes 42 dixièmes ou décagrammes de sucre à 9 francs 89 centimes le kilogramme ?

Position.

$$35.242$$
$$989$$

$$317178$$
$$281936$$
$$317178$$

$$34854338$$

Produit.. 3485 francs 4338.

Cette opération se fait comme au précédent exemple en multipliant les deux nombres l'un par l'autre, sans avoir égard à leurs parties décimales; il viendra au produit 34854338 ; mais ce nombre est dix mille fois trop grand, par la raison qu'en supprimant d'abord le point décimal du multiplicande et le multipliant par le multiplicateur tel qu'il est avec le point on a un produit cent fois trop grand : de plus, si vous supprimez aussi le point décimal du multiplicateur, le même produit devient encore cent fois plus grand, donc le produit est dix mille fois trop grand. Ainsi, pour l'amener à sa juste valeur, il faut séparer par le moyen du point décimal quatre chiffres vers la droite; alors on a pour vrai produit 3485 fr. 4338.

IIIᶜ ᴇxᴇᴍᴘʟᴇ.

On demande combien coûteraient 465 hecto-
litres, 24 litres et 5 décilitres de vinaigre à 31 f.
23 millimes l'hectolitre?

Position.
465245
31023

1395735
930490
4652450
1395735

14433295635

Produit. . 14433 francs 295635.

On fait d'abord la multiplication sans avoir
égard aux parties decimales qui affectent les
deux nombres; il vient au produit 14433 295635;
mais ce produit est un million de fois trop
grand : donc, pour le réduire à sa juste valeur,
il faut séparer six chiffres vers la droite, parce
qu'il y en a six au multiplicande et au multiplicateur.

Pour concevoir facilement la raison de cette
séparation, supposez d'abord qu'après avoir
supprimé le point décimal du multiplicande

vous le multipliiez par le multiplicateur tel qu'il est avec le point décimal ; vous auriez un produit fictif mille fois plus grand que le véritable ; et si vous supprimiez aussi le point décimal du multiplicateur, le même produit fictif deviendrait encore mille fois plus grand : donc le nombre 14433295635 serait un million de fois trop grand : or en séparant six chiffres vers la droite vous aurez la véritable valeur demandée, qui est 14433 fr. 295635.

IVe EXEMPLE.

On demande ce que coûteront 35 grammes d'une certaine marchandise à 2 fr. 30 centimes le kilogramme.

Position.

35

230

1050

70

8050

Produit. . 0f.08050.

Après avoir fait la multiplication des caractères significatifs, il s'est trouvé au produit

8o5o; mais d'après la règle générale, qui
exige au produit autant de décimales qu'il y
en a aux deux nombres pris ensemble, il doit
y en avoir ici cinq, parce que du kilogramme
au gramme il y a trois décimales et deux au
multiplicateur font cinq; ainsi il faut écrire
un zéro à la gauche du 8, en le faisant précéder du point décimal avec un zéro à sa
gauche pour montrer qu'il n'y a point d'unités
de francs.

Vᵉ EXEMPLE.

Combien coûteront 26 centimètres d'une
marchandise à 3o centimes le mètre?

Position.

26
3o
———
780

Produit. . of.0780.

Vous voyez que la multiplication n'a d'a-
bord donné que trois chiffres décimaux, tandis
que d'après la règle générale il doit y en
avoir quatre; ainsi il faut écrire un zéro à la
gauche de la décimale 7 et le faire précéder

d'un point avec un autre zéro à sa gauche
pour tenir lieu de francs.

REMARQUE.

Lorsqu'il se trouve trois, quatre, cinq,
six, etc., chiffres décimaux au résultat d'une
multiplication, comme cette précision de fractions peut être plus grande que celle dont on a
besoin, on peut supprimer du produit tout ce
qui excède les millièmes et quelquefois les
centièmes, sans craindre que cette suppression ne soit beaucoup préjudiciable. En ceci
on ne s'écarte point de l'ancienne méthode, qui
permettait de supprimer, dans certains cas,
les fractions de deniers.

C'est pourquoi dans le second exemple que
nous avons expliqué plus haut, où la précision
du produit 3485^f.4538 va jusqu'aux dix-millièmes, on peut se contenter d'écrire 3485^f.43 ;
car 38 centièmes de centimes sont bien peu
de chose par rapport à la somme.

Néanmoins il est des cas où l'on pourra
donner plus de précision au produit, en ajou-

tant une unité à la dernière des décimales conservées lorsque la première de celles que l'on aura supprimées sera au moins 5. Supposez que l'on eût le nombre 34 mètres 467 millimètres ; la dernière décimale 7 étant regardée comme 7 dixièmes de la décimale précédente, il est clair que 34 mètres 467 millimètres sont plus près d'être égaux à 34 mètres 47 centimètres qu'à 34 mètres 46 centimètres ; ainsi en supprimant la décimale 7 et en augmentant d'une unité la décimale 6, la différence sera moins grande que si, en supprimant la décimale 7, vous laissiez à la décimale 6 sa première valeur.

Cette remarque nous mène à indiquer une méthode facile et brième pour faire la multiplication de deux nombres ayant à leur suite plusieurs décimales.

Par exemple il s'agit de multiplier 42.46587 par 28.6543. Supposons que l'on n'eût besoin que de la précision de deux décimales ; pour plus d'exactitude prenons-en cinq, sauf à en retrancher trois après l'opération : voici comment il faut s'y prendre.

```
Multiplier     4246587
par. . . .      286543
               ─────────
                  1272
                 16984
                212325
               2347948
              33972696
              8493174
               ─────────
Produit. . 121682965
```

Posez d'abord les deux nombres l'un sous l'autre et cherchez combien de chiffres décimaux aurait le produit si vous faisiez la multiplication à l'ordinaire : il en aurait neuf. Ce nombre vous indique qu'il faut commencer par compter 9 sur le premier chiffre à droite du nombre supérieur, 8 sur celui qui précède,

sur le troisième, ainsi de suite en allant vers la gauche, et en diminuant toujours d'une unité jusqu'à cinq, qui est le nombre de décimales demandées au produit. Mettez un point sur le chiffre sur lequel vous vous êtes arrêté en comptant cinq pour indiquer que c'est à ce chiffre que vous devez commencer la multi-

2

plication. Ce chiffre étant 4, multipliez les trois derniers chiffres de la gauche 424 par les dix-millièmes du multiplicateur : il vient 1272, qui expriment des cent-millièmes, parce que des dixièmes multipliés par des dix-millièmes produisent des cent-millièmes; écrivez le premier chiffre 2 de ce produit sous le premier chiffre du multiplicateur et les autres à la suite. Puis multipliez 4246 du multiplicande par les mil-lièmes du multiplicateur : il vient au produit 16984 cent-millièmes, parce que des centièmes multipliés par des millièmes donnent des cent-millièmes; écrivez ce second produit sous le premier en faisant correspondre les premiers chiffres sous une même colonne. Ensuite con-tinuez à multiplier de cette manière en pre-nant un chiffre de plus à la droite du multi-plicande à mesure que vous changez de chiffre au multiplicateur en allant sur la gauche; vous aurez de nouveaux produits qui expri-meront des cent-millièmes, et dont vous pla-cerez les premiers chiffres toujours dans la même colonne verticale.

Après avoir ainsi épuisé tous les chiffres du multiplicande, il vous reste les dixaines du multiplicateur qui n'ont point servi. Il faut multiplier le multiplicande par ces dixaines, et placer le produit sous ceux qui ont été obtenus par les opérations précédentes, en ayant soin de le reculer d'un rang vers la gauche, par la raison que des cent-millièmes par des dixaines donnent des dix-millièmes, et que les produits précédents expriment des cent-millièmes.

Ayant ainsi fait toutes ces multiplications, il faut additionner les produits partiels et séparer dans le produit total, avec le point décimal, cinq chiffres vers la droite. Votre opération est terminée et vous avez en résultat 1216.82965 ou bien 1216.83, en retranchant les trois dernières décimales, et en augmentant d'une unité la dernière décimale conservée.

Multiplication pour servir à la Mesure des surfaces.

On demande combien de mètres carrés et de parties décimales de mètre carré sont contenus dans un rectangle dont les dimensions

sont : longueur 4 mètres 9 décimètres, hauteur 2 mètres 2 décimètres ?

Iᵉʳ EXEMPLE.

Position.

$$49$$
$$22$$
$$\overline{98}$$
$$98$$
$$\overline{1078}$$

Surface. . 10 mèt. car. 78 centièmes.

Après avoir disposé les deux nombres dans
l'ordre convenable, on les multiplie l'un par
l'autre sans faire attention à leurs parties décimales, et dans le produit on sépare vers
la droite, avec le point décimal, autant de
chiffres décimaux qu'il y en a au multiplicande et au multiplicateur pris ensemble ;
c'est-à-dire, que dans le cas présent il faut en
séparer deux. Cela fait, la surface demandée
est 10 mètres carrés 78 centièmes de mètre
carré.

Sur quoi, remarquez qu'il faut bien se

garder de confondre 7 dixièmes de mètre carré avec 7 décimètres carrés, et 8 centièmes de mètre carré avec 8 centimètres carrés; et cela, parce que un dixième de mètre carré vaut 10 décimètres carrés, et que un centième de mètre carré vaut un décimètre carré. Donc 7 dixièmes de mètre carré sont égaux à 70 décimètres carrés; et 8 centièmes de mètre carré, à 8 décimètres carrés.

IIᶜ EXEMPLE.

On demande la surface d'un rectangle dont les dimensions sont : longueur 54 mètres 3 centimètres, et hauteur 28 mètres 68 centimètres.

Position.

Longueur. . .	5403
Hauteur. . . .	2868

$$
\begin{array}{r}
43224 \\
32418 \\
43224 \\
10806 \\
\hline
1549580\,4
\end{array}
$$

Surface.. 1549 mètres carrés 5804.

Pour faire cette opération, multipliez l'un par l'autre les deux nombres comme s'ils ne contenaient pas de parties décimales, et dans le produit séparez, vers la droite, quatre chiffres décimaux, parce qu'il y en a quatre au multiplicande et au multiplicateur pris ensemble. La surface demandée est 1549 mètres carrés 5 dixièmes 8 centièmes et 4 dix-millièmes de mètre carré ; ou plus simplement, 1549 mètres carrés 58 centièmes de mètre carré.

IIIᵉ EXEMPLE.

Trouver la surface d'un rectangle dont les dimensions sont, longueur 37 centimètres, largeur 42 centimètres.

Position.

$$
\begin{array}{r}
37 \\
42 \\
\hline
74 \\
148 \\
\hline
1554
\end{array}
$$

m. car.

Surface.. o. 1554 dix-millièm. de m. c.

Faites la multiplication comme à l'ordinaire

sans avoir égard que ce ne sont que des parties décimales du mètre. Comme il y a quatre chiffres au produit et qu'ils sont égaux en quantité aux parties décimales des deux nombres multipliés, ces quatre chiffres doivent être comptés pour des fractions d'un mètre carré; par conséquent écrivez à la gauche du premier des quatre chiffres le point décimal précédé d'un zéro pour faire connaître qu'il n'y a point d'unité de mètre carré.

La surface demandée s'exprime ainsi : o mètre carré 1 dixième 5 centièmes 5 millièmes et 4 dix-millièmes de mètre carré, ou plus simplement, 1554 dix-millièmes de mètre carré.

IVᶜ EXEMPLE.

On demande la surface d'un rectangle ayant les proportions suivantes : longueur 24 centimètres, hauteur 35 centimètres.

Position.

$$
\begin{array}{r}
24 \\
35 \\
\hline
120 \\
72 \\
\hline
840
\end{array}
$$

m. car.

Surface. . o. o84 millièmes de mètre car.

Pour résoudre cette question, multipliez d'abord les deux nombres l'un par l'autre sans faire attention que ce sont des parties décimales, et vous aurez au produit 840; mais il y a deux chiffres décimaux au multiplicande et deux au multiplicateur; par conséquent et d'après la règle générale, il en faut quatre au produit: ainsi, écrivez un zéro à la gauche du 8 et faites précéder ce zéro du point décimal avec un autre zéro à sa gauche pour désigner qu'il n'y a point d'unité de mètre carré.

La surface est donc o mètre carré o dixième 8 centièmes et 4 millièmes de mètre carré; ou plus simplement, 84 millièmes de mètre carré. On peut supprimer le zéro qui vient après les millièmes sans craindre d'altérer la valeur du nombre.

Vᵉ EXEMPLE.

On demande combien on doit payer à un maçon pour le crépi d'un mur de 24 mètres 25 centimètres de longueur sur 15 mètres 37 centimètres de hauteur, à raison de 4 francs 92 centimes par mètre carré.

Position.

$$2425$$
$$1537$$
$$\overline{16975}$$
$$7275$$
$$12125$$
$$2425$$

Surface. . . . . $\overline{3727225}$
Prix du mètre carré. 492
$$7454450$$
$$33545025$$
$$14908900$$
$$\overline{1833794700}$$

Somme à payer. . 1833 francs 7947.

Pour faire cette opération, multipliez d'abord l'une par l'autre, la longueur et la hauteur, sans faire attention à leurs parties décimales, et dans le produit, séparez quatre chiffres vers la droite pour vous conformer à la règle; vous aurez pour surface 372 mètres carrés 7225 dix-millièmes de mètre carré.

Maintenant pour savoir ce que coûte le crépi de cette surface, multipliez-la par le prix de chaque mètre carré, c'est-à-dire, par 4 fr. 92 centimes, et séparez dans le produit six chiffres décimaux,

Le prix demandé est donc 1833 fr. 79 centimes, en se bornant aux centimes.

Multiplication pour servir à la Mesure des solides.

Ier EXEMPLE.

On demande combien de mètres cubes et de
parties de mètre cube sont contenus dans un
parallélipipède dont les dimensions sont :
longueur 12 mètres 3 décimètres, largeur
6 mètres 8 décimètres, hauteur 8 mètres 35
centimètres.

$$
\begin{array}{r}
\text{Position.} \\
123 \\
68 \\
\hline
984 \\
738 \\
\hline
\end{array}
$$

Surface. 8364
Hauteur 835

$$
\begin{array}{r}
41820 \\
25092 \\
66912 \\
\hline
6983940 \\
\end{array}
$$

Solidité . . . . 698 m. cub. 394 millièm.

Vous faites d'abord la multiplication des deux premières dimensions, la longueur et la largeur, sans avoir égard aux parties décimales, et vous séparez dans le produit un nombre de décimales égal à celui des deux nombres multipliés ; ce qui vous donne pour surface 83 mètres carrés 64 centièmes.

Maintenant multipliez cette surface par la troisième dimension, la hauteur, et au produit séparez aussi vers la droite autant de décimales qu'il y en a aux deux nombres qui ont donné ce produit, c'est-à-dire, séparez-en quatre. Votre opération est terminée, et vous avez pour résultat 698 mètres cubes 3 dixièmes 9 centièmes et 4 millièmes de mètre cube.

Une observation essentielle à faire ici, c'est qu'il faut bien se garder de confondre 3 dixièmes de mètre cube avec 3 décimètres cubes, 9 centièmes de mètre cube avec 9 centimètres cubes et 4 millièmes de mètre cube avec 4 millimètres cubes : et cela, parce qu'un cube est égal à mille décimètres cubes; un dixième de mètre cube, à cent décimètres cubes; un centième de mètre cube, à dix décimètres cubes; et un millième de mètre cube, à un

décimètre cube. Donc 5 dixièmes de mètre
cube sont égaux à 500 décimètres cubes; 9
centièmes de mètre cube, à 90 décimètres
cubes; et 4 millièmes de mètre cube, à 4 décimètres cubes.

IIe EXEMPLE.

On demande combien de mètres cubes et de
parties décimales de mètre cube sont renfer-
més dans une pièce de charpente ayant 24
mètres 36 centimètres de longueur, 95 centimètres de largeur et 1 mètre 5 décimètres
d'épaisseur.

$$
\begin{array}{r}
\text{Position.} \\
2436 \\
95 \\
\hline
12180 \\
21924 \\
\end{array}
$$

$$
\begin{array}{lr}
\text{Surface. . .} & 231420 \\
\text{Épaisseur. .} & 15 \\
\hline
& 1157100 \\
& 231420 \\
\hline
& 3471300 \\
\text{Solidité . . .} & 34 \text{ m. cubes } 713 \text{ millièmes.}
\end{array}
$$

Vous multipliez les deux premières dimensions sans vous occuper des chiffres décimaux qui les affectent; ensuite vous retranchez au produit, conformément à la règle, quatre décimales; vous avez alors pour surface 23 mètres carrés 1420 dix-mill^{mes}. Ensuite multipliez cette surface par la dernière dimension, l'épaisseur, qui a 1 mètre 5 décimètres; vous aurez un second produit de 3471300, dont il faut retrancher cinq chiffres vers la droite. Votre opération est terminée, et vous trouvez que la pièce de charpente contient 34 mètres cubes et 713 millièmes de mètre cube.

IIIᵉ EXEMPLE.

On désire connaître ce qu'on doit à un maçon qui a élevé un mur de 35 mètres 4 centimètres de longueur, sur 8 mètres 3 décimètres de hauteur et de 1 mètre 75 centimètres d'épaisseur; à raison de 24 francs 15 centimes par mètre cube.

Position.

Longueur. 5504
Hauteur.   83
                          —————
                          10512
                          28032
                          —————
Surface. 290832
Epaisseur.   175
                          —————
                          1454160
                          2035824
                          290832
                          —————
Solidité 50895600
Prix du mètre cube.   2415
                          —————
                          2544780
                          508956
                          2035824
                          1017912
                          —————
                          1229128740

Somme demand. 12,291 francs 2874

Commencez par multiplier l'une par l'autre les deux dimensions, la longueur et la hauteur, sans faire attention aux parties décimales. Seulement vous séparerez dans le produit autant de décimales qu'il y en a aux deux nombres multipliés. Cela fait, vous aurez pour premier produit une surface de 290 mètres carrés 832 millièmes.

Ensuite multipliez cette surface par l'épaisseur, qui est de 1 mètre 75. Vous aurez pour second produit, après avoir séparé cinq décimales conformément à la règle, 508 mètres cubes 956 millièmes, en négligeant les deux derniers zéros qui n'ont aucune valeur.

Maintenant, pour arriver à savoir le prix demandé, multipliez le produit qui a donné la solidité du mur, par le prix du mètre cube, c'est-à-dire, par 24 francs 15 centimes, et dans le produit séparez vers la droite un nombre de décimales égal à celui qui est contenu dans les deux nombres multipliés.

La question est résolue et la somme à payer au maçon se monte à 12,291 francs 29 centimes, en se bornant à la précision des centimes.

Division des Nombres avec fractions décimales.

C'est surtout par rapport à la division que le système décimal l'emporte sur l'arithmétique usitée jusqu'à ce jour.

On sait quel embarras occasionnait la division des nombres complexes, par la nécessité où l'on était souvent de les réduire aux unités de la plus petite espèce.

Ces difficultés disparaissent totalement dans le nouveau calcul. Tout y est réduit à considérer comme nombres entiers le dividende et le diviseur, lorsqu'ils sont affectés d'un égal nombre de décimales. Lorsqu'il y a plus de décimales au dividende qu'au diviseur, on supprime le point décimal du diviseur, et l'on recule celui du dividende d'autant de chiffres vers la droite qu'il y avait de décimales au diviseur.

Si c'est le diviseur qui a plus de décimales, on les égalise en ajoutant au dividende autant de zéros qu'il a de décimales de moins que le diviseur.

Enfin s'il n'y avait de décimales qu'au diviseur, on écrirait à la suite du dividende un nombre de zéros égal aux décimales du diviseur.

Une remarque seulement essentielle, c'est que lorsqu'il se trouve à la fin d'une division de nombres entiers, un reste indivisible par le diviseur, on peut continuer la division en ajoutant à ce reste autant de zéros que l'on désire avoir de décimales au quotient.

Iᵉʳ EXEMPLE.

Avec fractions décimales au dividende et au diviseur en nombre égal.

Une pièce de drap contenant 24 mètres 32 centimètres d'étoffe, ayant coûté 1064 francs 25 centimes, on demande la valeur du mètre ?

Position.

$$106425 \mid 2432$$

$$9145 \qquad 43.76 \text{ centimes.}$$

Premier reste. 184900

$$14660$$

Second reste . . 68

Commencez par faire disparaître le point décimal du dividende et celui du diviseur, et vous considérerez les deux nombres comme entiers et réduits en une même dénomination; car il est évident que le reculement de deux rangs vers la droite ou la suppression du point décimal, en multipliant les deux nombres par cent, les a réduits en centièmes; ce qui est conforme à l'ancienne méthode, qui exigeait, en pareil cas, que l'on réduisît les deux nombres complexes en même dénomination.

Faites ensuite votre division à l'ordinaire, et vous aurez pour quotient 43 francs avec un reste de 1849. Mettez à ce reste autant de zéros que vous désirez avoir de décimales au quotient, deux je suppose; poursuivez votre division, et le résultat sera 43 francs 76 centimes pour la valeur de chaque mètre d'étoffe.

IIe EXEMPLE.

Avec un nombre de décimales plus grand au dividende qu'au diviseur.

On demande combien coûterait le mètre d'une certaine étoffe dont 12 mètres 3 décimètres ont coûté 254 francs 38 centimes.

Position.

25438 | 123

858 · 20 fr. 68

Premier reste. 1000

Second reste. .   16

Ici vous avez au diviseur une décimale de moins qu'au dividende ; dans ce cas il faut supprimer le point décimal du diviseur et le considérer comme un nombre entier. Ensuite il faut reculer le point du dividende d'un rang vers la droite, de sorte qu'il ne lui reste plus qu'une décimale ; après cela vous faites votre division comme si les deux nombres étaient entiers, et vous séparez au quotient autant de décimales qu'il en est resté au dividende, c'est-à-dire, une dans le cas présent.

Pour avoir au quotient une décimale de plus, ajoutez un zéro au reste 100, et continuez votre opération à l'ordinaire en mettant au quotient ce qui restera de la division.

Le prix de chaque mètre est donc 20 fr. 68 centimes.

IIIe EXEMPLE.

Avec un nombre de décimales plus grand au diviseur qu'au dividende.

On a payé 384 francs 6 décimes pour une pièce d'étoffe de 15 mètres 45 centimetres de longueur, savoir combien à coûté chaque mètre?

Position.

38460 | 1545

7560   24f.89 centimes.

Premier reste. 138000

14400

Second reste. .   495

Lorsqu'il y a plus de décimales au diviseur qu'au dividende, il faut les égaliser en ajoutant au dividende autant de zéros qu'il a de décimales de moins, ce qui, comme nous l'avons déjà remarqué, n'altère point la valeur du nombre; il le réduit au contraire en une même dénomination que le diviseur.

Ici, par exemple, vous avez au diviseur une décimale de plus qu'au dividende; par conséquent ajoutez un zéro au dividende pour tenir lieu de la seconde décimale, supprimez le point décimal de part et d'autre, et considérez les deux nombres comme entiers.

Faites ensuite votre division à l'ordinaire, et mettez au premier reste de la division deux zéros pour avoir deux décimales au quotient.

Le résultat est 24 francs 89 centimes pour la valeur demandée.

Division avec fractions décimales au
-diviseur seulement.

EXEMPLE.

36 kilogrammes 46 décagrammes de marchandises ont coûté 854 francs; on demande ce qu'a coûté chaque kilogramme.

Position.

$$854oo \mid 3646$$

$$12486 \qquad 23^{f}.42 \text{ centimes.}$$

Premier reste. . 154200

$$8360$$

Second reste. . . 1068

Comme à cet exemple il n'y a de décimales qu'au diviseur, il faut, pour rendre l'opération plus facile, supprimer le point décimal du diviseur et écrire au dividende autant de zéros qu'il y en avait au diviseur; ce qui donne 85400 à diviser par 3646. Vous aurez au quotient 23 francs et un reste de 1542; ajoutez deux zéros à ce reste et il viendra au quotient, en continuant votre division, deux décimales de plus.

Ainsi la valeur de chaque kilogramme est de 23 francs 42 centimes.

Division avec fractions décimales au dividende seulement.

EXEMPLE.

15 kilogrammes de marchandises ont été vendus 845 francs 24 centimes; on demande ce qu'on a vendu chaque kilogramme.

Position.

$$84524 \mid 15$$
$$95 \qquad 56^f.349$$
$$52$$
$$74$$

Premier reste. 140
Second reste. .   5

Faites d'abord votre division comme aux exemples précédents ; et, sans avoir égard aux parties décimales du dividende, regardez-le absolument comme un nombre entier ; mais vous séparerez au quotient vers la droite, à l'aide du point décimal, autant de chiffres décimaux qu'il y en a au dividende, c'est-à-dire deux : vous aurez alors 56 fr. 34 centimes pour la valeur du kilogramme.

Si vous vouliez avoir au quotient une décimale de plus, il faudrait ajouter un zéro au premier reste 14, et diviser 140 par 15, ce qui donnerait 9 au quotient avec un reste 5. Si vous vouliez apporter encore plus de précision dans votre opération, vous pourriez ajouter un ou deux zéros au second reste, et vous auriez au quotient autant de décimales de plus ; car il est bon de remarquer qu'on approche d'autant plus du véritable quotient qu'on y a plus de décimales.

Division de fractions décimales pàr un nombre d'unités quelconque.

EXEMPLE.

On propose de diviser 0.79 en 632 parlies.

Position

0.79 | 632

Premier reste. : 79.0   0.00125

15 800

5 160

000

Commencez par prendre pour premier dividende partiel , le zéro qui est à la place des
unités du dividende total ; et , comme zéro
ne donne rien à diviser , écrivez un zéro au
quotient avec le point décimal à sa droite :
continuez à prendre successivement les deux
autres chiffres du dividende total ; et comme
ils ne donnent également que des zéros, écrivez deux zéros au quotient, à la droite du
point décimal.

Maintenant joignez un zéro à 79 , et divi-
sez 790 par 632. Il viendra 1 à mettre au quotient avec un reste 158 , auquel, ajoutant deux

zéros, vous obtiendrez deux décimales de plus au quotient, sans reste.

Le résultat de la division est que chacune des 632 parts est égale à 125 cent-millièmes d'unités.

Division de nombres entiers par des nombres fractionnaires.

EXEMPLE.

Il s'agit de diviser 36 par 0.75.

Position.

$$
\begin{array}{c|c}
3600 & 75 \\
\hline
600 & 48 \\
00 &
\end{array}
$$

Lorsque le diviseur n'est composé que de décimales, et qu'il n'y en a point au dividende, il faut toujours joindre à ce dernier autant de zéros qu'il y a de décimales au diviseur, et supprimer le point décimal de ce diviseur : vous faites ensuite la division, en regardant les deux nombres comme entiers.

3

Ainsi, ayant ajouté, dans le présent exemple, deux zéros au dividende 56 , vous avez 3600 à diviser par 75. Le quotient est 48, sans reste , c'est-à-dire que 75 centièmes sont contenus 48 fois dans le nombre entier 56.

Division d'un nombre avec fractions par un nombre fractionnaire.

EXEMPLE.

On veut diviser 1.61 par 0.55.

Position.

161 | 35

Premier reste. 21,0 4.6

o o

Cette opération se réduit à supprimer le point décimal du dividende et celui du diviseur , et à opérer comme sur des nombres entiers. Le quotient exprimera le nombre de fois que le diviseur est contenu dans le dividende.

Ainsi, dans le cas présent, 35 centièmes sont contenus 4 fois et 6 dixièmes dans le nombre proposé 1,61.

REMARQUES.

Il est des circonstances où l'on peut abréger la division ; c'est lorsque le dividende et le diviseur se terminent tóus les deux par des zéros. On supprime dans l'un et l'autre nombres la même quantité de zéros, et on fait la division de ces deux nouveaux nombres réduits. Le quotient conservera toujours la même valeur ; car, en supprimant des zéros autant d'une part que de l'autre, le nouveau diviseur est contenu dans le nouveau dividende autant de fois que le premier diviseur était contenu dans le premier dividende.

Soit, par exemple, le nombre 4320000 à diviser par 36000 ; en supprimant les trois zéros du diviseur, et trois zéros du dividende, on n'a point changé le rapport qui existe entre ces deux nombres, et on a 4320 à diviser par 36 ; le quotient est 12.

Il est un avantage essentiel que le système décimal procurera dans des opérations qui se présentent à chaque instant dans le commerce.

Cet avantage résulte de la division commune
entre les poids et mesures et les monnaies, et
il consiste à faire connaître sans aucune peine
la valeur des parties d'un entier quelconque
dont on connaît le prix.

Par exemple, une étoffe revient à 6 francs
20 centimes le mètre ; combien coûtent le décimètre ou le centimètre de cette étoffe ?

Opération.

Le mètre revient à.. . . 6 fr. 20 cent.
Le décimètre . . à. . . o   62
Le centimètre . . à. . . o   06

Cette opération se réduit à reculer les chiffres d'un rang vers la droite pour déterminer
le prix du décimètre, qui est le dixième du
mètre ; et de deux rangs aussi vers la droite,
pour déterminer celui du centimètre, qui est
le centième du mètre. Ainsi, à 6 fr. 20 cent.
le mètre, c'est 62 centimes le décimètre, et
6 centimes le centimètre.

On peut encore établir avec la même faci-
lité le prix d'une sorte de marchandise d'après

le bénéfice par cent que l'on se propose de faire.

Par exemple : Un négociant veut savoir combien il doit vendre le kilogramme d'une marchandise qui lui coûte 5 francs 5o centimes le kilogramme, pour gagner 6 pour cent.

Position.

Multiplier. . . 55o

par. 6
_____

5300

Prix du kilogram. 5.50
_____

5ᶠ.83 prix de la vente au bénéfice de 6 pour cent.

Pour résoudre cette question, il s'agit d'ajouter 6 centimes par franc à la valeur du kilogramme, en multipliant cette valeur par 6 centimes.

Ainsi ayant multiplié 5.5o par 6 centimes, le produit donne 33 centimes ; lesquels, étant joints à 5ᶠ.5o, portent à 5ᶠ.83 centimes, le prix auquel doit être vendu le kilogramme pour gagner 6 pour cent.

Conversion de fractions ordinaires en fractions décimales.

La conversion des fractions ordinaires en fractions décimales peut devenir nécessaire dans le commencement de l'introduction du nouveau calcul : il n'est donc pas inutile de donner la manière d'opérer cette conversion.

Elle consiste à diviser le numérateur de la fraction proposée à convertir par son dénominateur, mais comme cette division ne peut se faire en nombre entier, il faut ajouter autant de zéros au numérateur que l'on désire avoir de chiffres à la fraction décimale.

Ier EXEMPLE.

Soit proposé la fraction $\frac{7}{8}$ à convertir en une fraction décimale ayant trois chiffres décimaux.

Position.

7000 | 8

60   0.875

| 40

0

Vous posez d'abord le numérateur 7 avec trois zéros pour dividende et le dénominateur 8 pour diviseur, et avant de commencer votre division, vous écrivez un zéro au quotient avec un point à sa droite pour indiquer qu'il n'y a point d'unité principale; ensuite vous diviserez 7000 par 8. Et il résulte pour quotient la fraction décimale 0.875 millièmes qui est absolument égale à $\frac{7}{8}$.

IIe EXEMPLE.

On veut convertir la fraction $\frac{11}{13}$ en une fraction ayant deux chiffres décimaux.

Position.

$$1100 \mid 13$$
$$60 \qquad 0.84$$

Reste. 8

L'opération étant faite de même qu'au premier exemple, on a au quotient 0.84 centièmes avec un reste 8. Si à ce reste vous ajoutez un zéro, et que vous le divisiez par 13, vous aurez au quotient 6 pour troisième décimale; or comme cette décimale représente 6 dixièmes d'une des unités qui la précèdent, il faut, dans le cas de sa suppression, augmenter d'une unité la décimale 4 afin de se conformer à la règle générale, qui exige que l'on ajoute une unité à la dernière décimale conservée, lorsque celle qui suit immédiatement à droite est au moins 5.

DÉCRET IMPÉRIAL

Concernant les Pièces de six sols, douze sols et vingt-quatre sols, et la Monnaie de cuivre et de billon.

Au Palais de Saint-Cloud, le 18 août 1810.

NAPOLÉON, Empereur des Français, Roi d'Italie, Protecteur de la Confédération du Rhin, Médiateur de la Confédération Suisse, etc., etc.

Notre Conseil d'État entendu ;

Nous AVONS DÉCRÉTÉ et DÉCRÉTONS ce qui suit :

ARTICLE PREMIER.

Notre ministre du trésor retirera définitivement de la circulation toutes les pièces de monnoie de cuivre actuellement existantes dans les caisses publiques, selon l'état qui en sera dressé.

2. La monnoie de cuivre et de billon de fabrication française ne pourra être employée dans les paiemens, si ce n'est de gré à gré, que pour l'appoint de cinq francs.

3. Les pièces de six sols, douze sols et vingt-quatre sols, qui auront conservé quelques traces

4

de leur empreinte, seront admises en paiement pour *vingt-cinq centimes, cinquante centimes*, et *un franc*; si mieux n'aiment les porteurs les livrer au poids au change des monnaies, où ils recevront la valeur; savoir :

Les pièces de six sols, à raison de 190 fr. 20 c. le kilogramme;

Les pièces de douze sols, à raison de 197 fr. 22 c. le kilogramme;

Et celles de vingt-quatre sols, à raison de 195 f. le kilogramme.

4. Il sera statué particulièrement sur les monnaies de cuivre et de billon qui ne sont pas de fabrication française, et dont la circulation a été tolérée jusqu'à ce jour dans les départemens réunis.

5. Nos ministres des finances et du trésor public sont chargés, chacun en ce qui les concerne, de l'exécution du présent décret.

Signé NAPOLÉON.

Par l'Empereur :

Le Ministre secrétaire d'État,
signé H. B. Duc DE BASSANO.

DÉCRET IMPÉRIAL

Concernant les Pièces d'or de 48 et de 24 livres tournois, et les Pièces d'argent de 6 et de 3 livres.

Au Palais de Saint-Cloud, le 12 septembre 1810.

NAPOLÉON, Empereur des Français, Roi d'Italie, Protecteur de la Confédération du Rhin, Médiateur de la Confédération Suisse ;

Sur le rapport de nos ministres des finances et du trésor public.

Nous avons décrété et décrétons ce qui suit :

ARTICLE PREMIER.

A compter du jour de la publication du présent décret, la valeur réduite en francs des pièces d'or de 48 livres et de 24 livres tournois, des pièces d'argent de 6 et de 3 livres tournois, est et demeure réglée ainsi qu'il suit ; savoir :

La pièce de 48 livres tournois à... 47 fr. 20 c.
La pièce de 24 livres tournois à... 23   55
La pièce de 6 livres tournois à... 5   80
La pièce de 3 livres tournois à... 2   75

Lesdites pièces seront admises à ce taux dans

les caisses publiques, et dans les paiemens entre particuliers.

2. Les pièces ci-dessus seront en outre, et à la volonté des porteurs, reçues au poids, au change des monnaies ; savoir :

Celles de 48 et 24 livres, à raison de trois mille quatre-vingt-quatorze francs quarante-trois centimes le kilogramme ;

Et celles de 6 et 3 livres, à raison de cent quatre-vingt-dix-huit francs trente-un centimes.

3. Les pièces dites de 3o sols et de 15 sols circuleront pour la valeur d'un franc cinquante centimes, et de soixante-quinze centimes ; mais elles ne pourront entrer dans les paiemens que pour les appoints au-dessous de cinq francs.

4. Nos ministres sont chargés de l'exécution du présent décret, qui sera inséré au Bulletin des lois de demain 13 du courant.

Signé NAPOLÉON.

Par l'Empereur :

Le Ministre-Secrétaire d'État,
signé H.-B. Duc de Bassano.

Pièces de 3 livres tournois.

Nombre de Pièces	VALEUR			Nombre de Pièces	VALEUR		
	anc.	en francs.	réduite en livres tourn.		anc.	en francs.	réduite en livres tourn.
		fr. c.	liv. s. d.			fr. c.	liv. s. d.
1	3	2 75	2 15 8	29	87	79 75	80 14 11
2	6	5 50	5 11 4	30	90	82 50	83 10 7
3	9	8 25	8 7 1	31	93	85 25	86 6 4
4	12	11 00	11 2 9	32	96	88 00	89 2 0
5	15	13 75	13 18 5	33	99	90 75	91 17 8
6	18	16 50	16 14 1	34	102	93 50	94 13 4
7	21	19 25	19 9 10	35	105	96 25	97 9 1
8	24	22 00	22 5 6	36	108	99 00	100 4 9
9	27	24 75	25 1 2	37	111	101 75	103 0 5
10	30	27 50	27 16 10	38	114	104 50	105 16 1
11	33	30 25	30 12 7	39	117	107 25	108 11 10
12	36	33 00	33 8 3	40	120	110 00	111 7 6
13	39	35 75	36 3 11	41	123	112 75	114 3 2
14	42	38 50	38 19 7	42	126	115 50	116 18 10
15	45	41 25	41 15 4	43	129	118 25	119 14 7
16	48	44 00	44 11 0	44	132	121 00	122 10 3
17	51	46 75	47 6 8	45	135	123 75	125 5 11
18	54	49 50	50 2 4	46	138	126 50	128 1 7
19	57	52 25	52 18 1	47	141	129 25	130 17 4
20	60	55 00	55 13 9	48	144	132 00	133 13 0
21	63	57 75	58 9 5	49	147	134 75	136 8 8
22	66	60 50	61 5 1	50	150	137 50	139 4 4
23	69	63 25	64 0 10	51	153	140 25	142 0 1
24	72	66 00	66 16 6	52	156	143 00	144 15 9
25	75	68 75	69 12 2	53	159	145 75	147 11 5
26	78	71 50	72 7 10	54	162	148 50	150 7 1
27	81	74 25	75 3 7	55	165	151 25	153 2 10
28	84	77 00	77 19 3	56	168	154 00	155 18 6

Pièces de 3 livres tournois.

NOMBRE de pièces	VALEUR			NOMBRE de pièces	VALEUR		
	anc^e	en francs.	réduite en livres tourn.		anc^e	en francs.	réduite en livres tourn.
		fr. c.	liv. s. d.			fr. c.	liv. s. d.
57	171	156 75	158 14 2	85	255	233 75	236 13 5
58	174	159 50	161 9 10	86	258	236 50	239 9 1
59	177	162 25	164 5 7	87	261	239 25	242 4 10
60	180	165 00	167 1 3	88	264	242 00	245 0 6
61	183	167 75	169 16 11	89	267	244 75	247 16 2
62	186	170 50	172 12 7	90	270	247 50	250 11 10
63	189	173 25	175 8 4	91	273	250 25	253 7 7
64	192	176 00	178 4 0	92	276	253 00	256 3 3
65	195	178 75	180 19 8	93	279	255 75	258 18 11
66	198	181 50	183 15 4	94	282	258 50	261 14 7
67	201	184 25	186 11 1	95	285	261 25	264 10 4
68	204	187 00	189 6 9	96	288	264 00	267 6 0
69	207	189 75	192 2 5	97	291	266 75	270 1 8
70	210	192 50	194 18 1	98	294	269 50	272 17 4
71	213	195 25	197 13 10	99	297	272 25	275 13 1
72	216	198 00	200 9 6	100	300	275 00	278 8 9
73	219	200 75	203 5 2	150	450	412 50	417 13 1
74	222	203 50	206 » 10	200	600	550 00	556 17 6
75	225	206 25	208 16 7	250	750	687 50	696 1 10
76	228	209 00	211 12 3	300	900	825 00	835 6 3
77	231	211 75	214 7 11	350	1050	962 50	974 10 7
78	234	214 50	217 3 7	400	1200	1100 00	1113 15 0
79	237	217 25	219 19 4	450	1350	1237 00	1252 19 4
80	240	220 00	222 15 0	500	1500	1375 00	1392 3 9
81	243	222 75	225 10 8	600	1800	1650 00	1670 12 6
82	246	225 50	228 6 4	700	2100	1925 00	1949 1 3
83	249	228 25	231 2 1	800	2400	2200 00	2227 10 0
84	252	231 00	233 17 9	900	2700	2475 00	2505 18 9

Pièces de 6 liv. tournois.

Nombre de Pièces.	VALEUR			Nombre de Pièces.	VALEUR		
	anc.	en francs.	réduite en livres tourn.		anc.	en francs.	réduite en livres tourn.
		fr. c.	liv. s. d.			fr. c.	liv. s. d.
1	6	5 80	5 17 5	29	174	168 20	170 6 0
2	12	11 60	11 14 11	30	180	174 00	176 3 6
3	18	17 40	17 12 4	31	186	179 80	182 0 11
4	24	23 20	23 9 9	32	192	185 60	187 18 5
5	30	29 00	29 7 2	33	198	191 40	193 15 10
6	36	34 80	35 4 8	34	204	197 20	199 13 3
7	42	40 60	41 2 2	35	210	203 00	205 10 9
8	48	46 40	46 19 7	36	216	208 80	211 8 2
9	54	52 20	52 17 0	37	222	214 60	217 5 8
10	60	58 00	58 14 6	38	228	220 40	223 3 1
11	66	63 80	64 11 11	39	234	226 20	229 0 6
12	72	69 60	70 9 5	40	240	232 00	234 18 0
13	78	75 40	76 6 10	41	246	237 80	240 15 5
14	84	81 20	82 4 3	42	252	243 60	246 12 11
15	90	87 00	88 1 9	43	258	249 40	252 10 4
16	96	92 80	93 19 2	44	264	255 20	258 7 9
17	102	98 60	99 16 8	45	270	261 00	264 5 3
18	108	104 40	105 14 1	46	276	266 80	270 2 8
19	114	110 20	111 11 7	47	282	272 60	276 0 2
20	120	116 00	117 9 0	48	288	278 40	281 17 7
21	126	121 80	123 6 5	49	294	284 20	287 15 0
22	132	127 60	129 3 11	50	300	290 00	293 12 6
23	138	133 40	135 1 4	51	306	295 80	299 9 11
24	144	139 20	140 18 9	52	312	301 60	305 7 5
25	150	145 00	146 16 3	53	318	307 40	311 4 10
26	156	150 80	152 13 8	54	324	313 20	317 2 3
27	162	156 60	158 11 2	55	330	319 00	322 19 9
28	168	162 40	164 8 7	56	336	324 80	328 17 2

Pièces de 6 livres tournois.

NOMBRE de pièces	VALEUR			NOMBRE de pièces	VALEUR		
	ancᵉ.	en francs.	réduite en livres tourn.		ancᵉ.	en francs.	réduite en livres tourn.
		fr. c.	liv. s. d.			fr. c.	liv. s. d.
57	342	330 60	334 14 8	85	510	493 00	499 3 3
58	348	336 40	340 12 1	86	516	498 80	505 0 8
59	354	342 20	346 9 6	87	522	504 60	510 18 2
60	360	348 00	352 7 0	88	528	510 40	516 15 7
61	366	353 80	358 4 5	89	534	516 20	522 13 0
62	372	359 60	364 1 11	90	540	522 00	528 10 6
63	378	365 40	369 19 4	91	546	527 80	534 7 11
64	384	371 20	375 16 9	92	552	533 60	540 5 5
65	390	377 00	381 14 3	93	558	539 40	546 2 10
67	396	382 80	387 11 8	94	564	545 20	552 0 3
69	402	388 60	393 9 2	95	570	551 00	557 17 9
68	408	394 40	399 6 7	96	576	556 80	563 15 2
69	414	400 20	405 4 0	97	582	562 60	569 12 8
70	420	406 00	411 1 6	98	588	568 40	575 10 1
71	426	411 80	416 18 11	99	594	574 20	581 7 6
72	432	417 60	422 16 5	100	600	580 00	587 5 0
73	438	423 40	428 13 10	150	900	870 00	880 17 6
74	444	429 20	434 11 3	200	1200	1160 00	1174 10 0
75	450	435 00	440 8 9	250	1500	1450 00	1468 2 6
76	456	440 80	446 6 2	300	1800	1740 00	1761 15 0
77	462	446 60	452 3 8	350	2100	2030 00	2055 7 6
78	468	452 40	458 1 1	400	2400	2320 00	2349 0 0
89	474	458 20	463 18 6	450	2700	2610 00	2642 12 6
80	480	464 00	469 16 0	500	3000	2900 00	2936 5 0
81	486	469 80	475 13 5	600	3600	3480 00	3523 10 0
82	492	475 60	481 10 11	700	4200	4060 00	4110 15 0
83	498	481 40	487 8 4	800	4800	4640 00	4698 0 0
84	504	487 20	493 5 9	900	5400	5220 00	5285 5 0

Pièces d'Or de 24 liv. tournois.

Nombre de pièces	VALEUR			Nombre de pièces	VALEUR		
	anc.	en francs.	réduite en livres tourn.		anc.	en francs.	réduite en livres tourn.
		fr. c.	liv. s. d.			fr. c.	liv. s. d.
1	24	23 55	23 16 10	29	696	682 95	691 9 8
2	48	47 10	47 13 9	30	720	706 50	715 6 7
3	72	70 65	71 10 7	31	744	730 05	739 3 6
4	96	94 20	95 7 6	32	768	753 60	763 0 4
5	120	117 75	119 4 5	33	792	777 15	786 17 3
6	144	141 30	143 1 3	34	816	800 70	810 14 2
7	168	164 85	166 18 2	35	840	824 25	834 11 0
8	192	188 40	190 15 1	36	864	847 80	858 7 11
9	216	211 95	214 11 11	37	888	871 35	882 4 10
10	240	235 50	238 8 10	38	912	894 90	906 1 8
11	264	259 05	262 5 9	39	936	918 45	929 18 7
12	288	282 60	286 2 7	40	960	942 00	953 15 6
13	312	306 15	309 19 6	41	984	965 55	977 12 4
14	336	329 70	333 16 5	42	1008	989 10	1001 9 3
15	360	353 25	357 13 3	43	1032	1012 65	1025 6 1
16	384	376 80	381 10 2	44	1056	1036 20	1049 3 0
17	408	400 35	405 7 1	45	1080	1059 75	1072 19 11
18	432	423 90	429 3 11	46	1104	1083 30	1096 16 9
19	456	447 45	453 0 10	47	1128	1106 85	1120 13 8
20	480	471 00	476 17 9	48	1152	1130 40	1144 10 7
21	504	494 55	500 14 7	49	1176	1153 95	1168 7 5
22	528	518 10	524 11 6	50	1200	1177 50	1192 4 4
23	552	541 65	548 8 4	60	1440	1413 00	1430 13 3
24	576	565 20	572 5 3	70	1680	1648 50	1669 2 1
25	600	588 75	596 2 2	80	1920	1884 00	1907 11 0
26	624	612 30	619 19 0	90	2160	2119 50	2145 19 10
27	648	635 85	643 15 11	100	2400	2355 00	2384 8 9
28	672	659 40	667 12 10	200	4800	4710 00	4768 17 6

Pièces d'Or de 48 livres tournois.

Nombre de Pièces.	VALEUR			Nombre de pièces.	VALEUR		
	anc°.	en francs.	réduite en livres tourn.		anc°.	en francs.	réduite en livres tourn.
		fr. c.	liv. s. d.			fr. c.	liv. s. d.
1	48	47 20	47 15 9	29	1392	1368 80	1385 18 2
2	96	94 40	95 11 7	30	1440	1416 00	1433 14 0
3	144	141 60	143 7 4	31	1488	1463 20	1481 9 9
4	192	188 80	191 3 2	32	1536	1510 40	1529 5 7
5	240	236 00	238 19 0	33	1584	1557 60	1577 1 4
6	288	283 20	286 14 9	34	1632	1604 80	1624 17 2
7	336	330 40	334 10 7	35	1680	1652 00	1672 13 0
8	384	377 60	382 6 4	36	1728	1699 20	1720 8 9
9	432	424 80	430 2 2	37	1776	1746 40	1768 4 7
10	480	472 00	477 18 0	38	1824	1793 60	1816 0 4
11	528	519 20	525 13 9	39	1872	1840 80	1863 16 2
12	576	566 40	573 9 7	40	1920	1888 00	1911 12 0
13	624	613 60	621 5 4	41	1968	1935 20	1959 7 9
14	672	660 80	669 1 2	42	2016	1982 40	2007 3 7
15	720	708 00	716 17 0	43	2064	2029 60	2054 19 4
16	768	755 20	764 12 9	44	2112	2076 80	2102 15 2
17	816	802 40	812 8 7	45	2160	2124 00	2150 11 0
18	864	849 60	860 4 4	46	2208	2171 20	2108 6 9
19	912	896 80	908 0 2	47	2256	2218 40	2246 2 7
20	960	944 00	955 16 0	48	2304	2265 60	2293 18 4
21	1008	991 20	1003 11 9	49	2352	2312 80	2341 14 2
22	1056	1038 40	1051 7 7	50	2400	2360 00	2389 10 0
23	1104	1085 60	1099 3 4	60	2880	2832 00	2867 8 0
24	1152	1132 80	1146 19 2	70	3360	3304 00	3345 6 0
25	1200	1180 00	1194 15 0	80	3840	3776 00	3823 4 0
26	1248	1227 20	1242 10 9	90	4320	4248 00	4301 2 0
27	1296	1274 40	1290 6 7	100	4800	4720 00	4779 0 0
28	1344	1321 60	1338 2 4	200	9600	9440 00	9558 0 0

TABLE de réduction des livres tournois en francs et centimes, en conformité de la loi du 17 floréal an 7.

livres.	francs.			livres.	francs.			livres.	francs.		
	fr.	c.	dix		fr.	c.	dix		fr.	c.	dix
1	0	98	8	27	26	66	7	53	52	34	6
2	1	97	5	28	27	65	4	54	53	33	3
3	2	96	3	29	28	64	2	55	54	32	1
4	3	95	1	30	29	63	0	56	55	30	9
5	4	93	8	31	30	61	7	57	56	29	6
6	5	92	6	32	31	60	5	58	57	28	4
7	6	91	4	33	32	59	3	59	58	27	2
8	7	90	1	34	33	58	0	60	59	25	9
9	8	88	9	35	34	56	8	61	60	24	7
10	9	87	7	36	35	55	6	62	61	23	5
11	10	86	4	37	36	54	3	63	62	22	2
12	11	85	2	38	37	53	1	64	63	21	0
13	12	84	0	39	38	51	9	65	64	19	8
14	13	82	7	40	39	50	6	66	65	18	5
15	14	81	5	41	40	49	4	67	66	17	3
16	15	80	2	42	41	48	1	68	67	16	0
17	16	79	0	43	42	46	9	69	68	14	8
18	17	77	8	44	43	45	7	70	69	13	6
19	18	76	5	45	44	44	4	71	70	12	3
20	19	75	3	46	45	43	2	72	71	11	1
21	20	74	1	47	46	42	0	73	72	9	9
22	21	72	8	48	47	40	7	74	73	8	6
23	22	71	6	49	48	39	5	75	74	7	4
24	23	70	4	50	49	38	3	76	75	6	2
25	24	69	1	51	50	37	0	77	76	4	9
26	25	67	9	52	51	35	8	78	77	3	7

SUITE de la Table de réduction des livres tournois en francs et centimes, en conformité de la loi du 17 floréal an 7.

livres.	francs.			livres.	francs.			livres.	francs.		
	fr.	c.	dix^e		fr.	c.	dix^e		fr.	c.	dix^e
79	78	2	3	350	345	67	9	2300	2271	60	5
80	79	1	2	400	395	6	2	2400	2370	37	0
81	80	0	0	450	444	44	4	2500	2469	13	6
82	80	98	8	500	493	82	7	2600	2567	90	1
83	81	97	5	550	543	21	0	2700	2666	66	7
84	82	96	3	600	592	59	3	2800	2765	43	2
85	83	95	1	650	641	97	5	2900	2864	19	8
86	84	93	8	700	691	35	8	3000	2962	96	3
87	85	92	6	750	740	74	1	4000	3950	61	7
88	86	91	4	800	790	12	3	5000	4938	27	2
89	87	90	1	850	839	50	6	6000	5925	92	6
90	88	88	9	900	888	88	9	7000	6913	58	0
91	89	87	7	950	938	27	2	8000	7901	23	4
92	90	86	4	1000	987	65	4	9000	8888	88	9
93	91	85	2	1100	1086	42	0	10000	9876	54	3
94	92	84	0	1200	1185	18	5	11000	10864	20	0
95	93	82	7	1300	1283	95	1	12000	11851	85	2
96	94	81	5	1400	1382	71	6	13000	12839	51	0
97	95	80	2	1500	1481	48	1	14000	13827	16	0
98	96	79	0	1600	1580	24	7	15000	14814	81	5
99	97	77	8	1700	1679	1	2	16000	15802	47	0
100	98	76	5	1800	1777	77	8	17000	16790	12	3
150	148	14	8	1900	1876	54	3	18000	17777	77	8
200	197	53	1	2000	1975	30	9	19000	18765	43	2
250	246	91	4	2100	2074	7	4	20000	19753	8	6
300	296	29	6	2200	2172	84	0	21000	20740	74	1

TABLEAU de réduction en francs des monnaies étrangères ayant cours dans l'Empire.				

MONNAIES ÉTRANGÈRES.	valeur		MONNAIES ÉTRANGÈRES.	valeur	
de Brabant.	fr.	c.	*de Hollande.*	fr.	c.
OR—double souverain...	33	80	OR—ruyder............	28	44
souverain............	16	90	demi-ruyder........	14	22
demi souverain.......	8	45	double ducat........	22	84
ducat..............	11	42	ducat simple........	11	42
ARGENT—ducaton......	6	30	ARGENT—pièce de 3 florins	6	0
demi-ducaton........	3	15	pièce de 2 florins......	4	6
un quart de ducaton...	1	57	rixdaller............	5	28
un 8e. de ducaton.....	0	78	florin...............	2	3
couronne............	5	56	pièce de 30 stubers....	3	4
demi-couronne.......	2	77	rixdaller de Zélande...	5	16
un quart de couronne..	1	38			
un 8e. de couronne...	0	64	*de l'Empire.*		
pièces de 17 s. 6 d.....	1	50	OR—ducat Impérial....	11	42
double escalin........	1	20	carolin ou pistole au soleil............	23	70
escalin.............	0	60	pistole..............	19	4
			maximilien joseph....	14	98
de Liège et de Maestricht.			demi-maximilien.....	7	48
OR—ducat............	10	34	florin..............	6	8
florin..............	6	8	ARGENT—écu de convention............	5	4
ARGENT—double escalin..	1	20	un demi-écu, d°.....	2	50
escalin neuf..........	0	56	un quart, ou demi-florin............	1	25
escalin vieux........	0	39			
demi-escalin ou plaquette neuve......	0	28	un demi-florin de Bavière............	0	98
vieil°. plaquette de Liège	0	12	un demi-d°. de Wurtemberg..........	0	90
kopslucks...........	0	75	vieux kopslucks......	0	70
demi-kopslucks......	0	37	pièce de 24 kreutzers ou 6 batz........	0	75
de Prusse.					
OR—frédéric ou pistole..	19	50			
ARGENT—rixdaller......	3	50			
demi-rixdaller.......	1	75			
un tiers de rixdaller...	1	15			
un 16e. de rixdaller....	0	54			

Taux auquel les Monnaies anciennes altérées seront reçues aux Hôtels des monnaies.

	PIÈCES D'ARGENT			
	de 3 et 6 liv.	de 24 sols.	de 12 sols.	de 6 sols.
	fr. c.	fr. c.	fr. c.	fr. c.
cinq centigrammes.	0 1	0 1	0 1	0 1
un décigramme....	0 2	0 2	0 2	0 2
un gramme.......	0 20	0 19	0 19	0 19
un décagramme....	1 98	1 95	1 97	1 90
un hectogramme...	19 83	19 50	19 72	19 2
un kilogramme....	198 31	195 0	197 22	190 20
un myriagramme...	1983 10	1950 0	1972 20	1902 0

PIÈCES D'OR DE 48 ET DE 24 LIV. TOURNOIS.

	fr. c.		fr. c.
deux milligrammes.	0 1	un décagramme....	30 94
un centigramme...	0 3	un hectogramme...	309 44
un décigamme....	0 31	un kilogramme....	3094 45
un gramme........	3 9	un myriagramme..	30944 50

PIECES D'ARGENT
de 24 s., 12 s. et 6 s., liv. tournois,
RÉDUITES EN FRANCS.

La Pièce de 24 s. est réduite à 1 fr.
La Pièce de 12 s.   à 0 50 c.
La Pièce de 6 s.   à 0 25 c.

Art. III *du Décret du* 18 *août* 1810.

Nota. Ces réductions offrant des calculs très-faciles, il a paru inutile d'en donner le Barème.

COMPARAISON de l'Aune au Mètre.

aunes.	mètres.	centimèt.	millimét.	fractions	centièm	milliém
1	1	18	8	1/39	3	7
2	2	37	7		5	0
3	3	56	5		7	4
4	4	75	4		9	9
5	5	94	2		14	8
6	7	13	1		19	8
7	8	31	9		29	7
8	9	50	8		39	6
9	10	69	6		44	5
10	11	88	5		49	5
20	23	76	9		59	4
30	35	65	3		69	3
40	47	53	8		74	2
50	59	42	2		79	2
60	71	30	7		89	1
70	83	19	1		103	9
80	95	7	6		108	9
90	106	96	0		111	0
100	118	84	5		148	5

COMPARAISON des anciennes Mesures d'étendue et de solidité aux nouvelles Mesures analogues.

lignes. pouces. pieds. toises. voies de bois.	lignes en millimètres	pouces en centimètres	pieds en décimètres.	toises en mètres.	voies de bois en stères
	mill. cent.	centim. c.	décim c.	mèt. cent.	stèr. c.
1	2 26	2 71	3 25	1 95	1 92
2	4 51	5 41	6 50	3 90	3 84
3	6 77	8 12	9 75	5 85	5 76
4	9 02	10 83	12 99	7 80	7 68
5	11 28	13 54	16 24	9 75	9 60
6	13 54	16 24	19 49	11 69	11 52
7	15 79	18 95	22 74	13 64	13 44
8	18 05	21 66	25 99	15 59	15 36
9	20 30	24 36	29 24	17 54	17 28
10	22 56	27 07	32 48	19 49	19 20
11	24 81	29 78	35 73	21 44	21 11
12	27 07	32 48	38 98	23 39	23 03

PRIX du demi-Kilogramme en livres tournois et en francs, d'après le prix de la livre exprimé dans la première colonne.

PRIX de la Livre.	Prix du demi-kilogramme ou des 50 décagrammes				PRIX de la Livre.	Prix du demi-kilogramme ou des 50 décagrammes				
	En livres tourn.			En francs dans le rapport de 81 à 80.		En livres tourn.			En francs dans le rapport de 81 à 80.	
s. d.	l.	s.	d.	mil.	f. c. mil.	s.	l.	s.	d.	mil.	f. c. mil.
3	0	0	3	064	0 1 261	26	1	6	6	682	1 31 147
6	0	0	6	128	0 2 522	27	1	7	6	939	1 36 191
9	0	0	9	192	0 3 783	28	1	8	7	196	1 41 235
1	0	1	0	257	0 5 044	29	1	9	7	453	1 46 279
2	0	2	0	514	0 10 088	30	1	10	7	710	1 51 323
3	0	3	0	771	0 15 132	31	1	11	7	967	1 56 368
4	0	4	1	028	0 20 176	32	1	12	8	224	1 61 412
5	0	5	1	285	0 25 221	33	1	13	8	481	1 66 456
6	0	6	1	542	0 30 265	34	1	14	8	738	1 71 500
7	0	7	1	799	0 35 309	35	1	15	8	995	1 76 544
8	0	8	2	056	0 40 353	36	1	16	9	252	1 81 588
9	0	9	2	313	0 45 397	37	1	17	9	509	1 86 632
10	0	10	2	570	0 50 441	38	1	18	9	766	1 91 676
11	0	11	2	827	0 55 486	39	1	19	10	023	1 96 720
12	0	12	3	084	0 60 530	40	2	0	10	280	2 01 764
13	0	13	3	341	0 65 574	41	2	1	10	537	2 06 808
14	0	14	3	598	0 70 618	42	2	2	10	794	2 11 853
15	0	15	3	855	0 75 662	43	2	3	11	051	2 16 897
16	0	16	4	112	0 80 706	44	2	4	11	308	2 21 941
17	0	17	4	369	0 85 750	45	2	5	11	565	2 26 985
18	0	18	4	626	0 90 794	46	2	6	11	822	2 32 029
19	0	19	4	883	0 95 838	47	2	8	0	079	2 37 073
20	1	0	5	140	1 00 882	48	2	9	0	336	2 42 117
21	1	1	5	397	1 05 927	49	2	10	0	593	2 47 161
22	1	2	5	654	1 10 971	50	2	11	0	850	2 52 205
23	1	3	5	911	1 16 015	51	2	12	1	107	2 57 249
24	1	4	6	168	1 21 059	52	2	13	1	364	2 62 294
25	1	5	6	425	1 26 103	53	2	14	1	621	2 67 238

PRIX du demi-Kilogramme en livres tournois et en francs, d'après le prix de la livre exprimé dans la première colonne.

PRIX de la Livre.	Prix du demi-kilogramme ou des 50 décagrammes En livres tourn.				En francs dans le rapport de 81 à 80.			PRIX de la Livre.	Prix du demi-kilogramme ou des 50 décagrammes En livres tourn.				En francs dans le rapport de 81 à 80.		
l. s.	l.	s.	d.	mil.	f.	c.	mil.	l. s.	l.	s.	d.	mil.	f.	c.	mil.
54	2	15	1	878	2	72	382	5 4	5	6	2	731	5	24	590
55	2	16	2	135	2	77	426	5 6	5	8	3	246	5	34	679
56	2	17	2	392	2	82	470	5 8	5	10	3	761	5	44	767
57	2	18	2	649	2	87	514	5 10	5	12	4	276	5	54	855
58	2	19	2	906	2	92	558	5 12	5	14	4	791	5	64	943
59	3	0	3	163	2	97	602	5 14	5	16	5	306	5	75	031
3 0	3	1	3	420	3	02	646	5 16	5	18	5	821	5	85	120
3 2	3	3	3	934	3	12	735	5 18	6	0	6	336	5	95	208
3 4	3	5	4	448	3	22	823	6 0	6	2	6	851	6	05	296
3 6	3	7	4	962	3	32	911	6 2	6	4	7	366	6	15	384
3 8	3	9	5	476	3	42	999	6 4	6	6	7	881	6	25	472
3 10	3	11	5	990	3	53	087	6 6	6	8	8	396	6	35	561
3 12	3	13	6	504	3	63	176	6 8	6	10	8	911	6	45	649
3 14	3	15	7	018	3	73	264	6 10	6	12	9	426	6	55	737
3 16	3	17	7	532	3	83	353	6 12	6	14	9	941	6	65	825
3 18	3	19	8	046	3	93	440	6 14	6	16	10	456	6	75	913
4 0	4	1	8	560	4	03	528	6 16	6	18	10	971	6	86	002
4 2	4	3	9	074	4	13	617	6 18	7	0	11	486	6	96	090
4 4	4	5	9	588	4	23	705	7 0	7	3	0	001	7	06	178
4 6	4	7	10	102	4	33	795	7 2	7	5	0	516	7	16	266
4 8	4	9	10	616	4	43	881	7 4	7	7	1	031	7	26	354
4 10	4	11	11	130	4	53	969	7 6	7	9	1	546	7	36	442
4 12	4	13	11	644	4	64	058	7 8	7	11	2	061	7	46	530
4 14	4	16	0	158	4	74	146	7 10	7	13	2	576	7	56	619
4 16	4	18	0	672	4	84	234	7 12	7	15	3	091	7	66	707
4 18	5	0	1	186	4	94	322	7 14	7	17	3	606	7	76	795
5 0	5	2	1	701	5	04	414	7 16	7	19	4	121	7	86	884
5 2	5	4	2	216	5	14	502	7 18	8	1	4	626	7	96	972

PRIX du demi-Kilogramme en livres tournois et en francs, d'après le prix de la livre exprimé dans la première colonne.

Prix de la Livre.	Prix du demi-kilogramme ou des 50 décagrammes						Prix de la Livre.	Prix du demi-kilogramme ou des 50 décagrammes					
	En livres tourn				En francs dans le rapport de 81 à 80.			En livres tourn.				En francs dans le rapport de 81 à 80.	
l. s.	l.	s.	d.	mil.	f.	c. mil.	l. s.	l.	s.	d.	mil.	f.	c. mil.
8 0	8	3	5	141	8	07 060	15 0	15	6	5	121	15	13 233
8 5	8	8	6	425	8	32 281	15 5	15	11	6	406	15	38 454
8 10	8	13	7	711	8	57 501	15 10	15	16	7	691	15	63 674
8 15	8	18	8	996	8	82 721	15 15	16	1	8	976	15	88 895
9 0	9	3	10	281	9	07 941	16 0	16	6	10	261	16	14 11.
9 5	9	8	11	566	9	33 162	16 5	16	11	11	546	16	39 336
9 10	9	14	0	851	9	58 383	16 10	16	17	0	831	16	64 556
9 15	9	19	2	136	9	83 603	16 15	17	2	2	116	16	89 777
10 0	0	14	3	421	10	08 824	17 0	17	7	3	401	17	14 997
10 5	10	19	4	706	10	34 044	17 5	17	12	4	686	17	40 218
10 10	10	4	5	991	10	59 265	17 10	17	17	5	971	17	65 438
10 15	10	9	7	276	10	84 485	17 15	18	2	7	256	17	90 659
11 0	11	4	8	561	11	09 706	18 0	18	7	8	541	18	15 879
12 5	11	9	9	846	11	34 926	18 5	18	12	9	826	18	41 100
11 10	11	14	11	131	11	60 147	18 10	18	17	11	111	18	66 320
11 15	12	0	0	416	11	85 367	18 15	19	3	0	396	18	91 541
12 0	12	5	1	701	12	10 588	19 0	19	8	1	681	19	16 761
12 5	12	10	2	986	12	35 808	19 10	19	18	4	251	19	67 202
12 10	12	15	4	271	12	61 029	20 0	20	8	6	820	20	17 643
12 15	13	0	5	556	12	86 249	25	25	10	8	521	25	22 058
13 0	13	5	6	841	13	11 469	30	30	12	10	222	30	26 472
13 5	13	10	8	126	13	36 690	35	35	14	11	923	35	30 886
13 10	13	15	9	411	13	61 911	40	40	17	1	624	40	35 300
13 15	14	0	10	696	13	87 131	45	45	19	3	525	45	39 714
14 0	14	5	11	981	14	12 352	50	51	1	5	026	50	44 128
14 5	14	11	1	266	14	37 572	55	56	3	6	727	55	48 542
14 10	14	16	2	551	14	62 793	60	61	5	8	428	60	52 956
14 15	15	1	3	836	14	88 013	65	66	7	10	129	65	57 370

Prix du demi-Quintal métrique et du Décalitre, d'après le prix du Quintal de livres et de la Velte exprimé dans la première colonne.

Prix du quintal le liv. de la Velte.		Prix du demi-quintal métrique ou des 50 kilogrammes							Prix du décalitre ou des 10 litres remplaçant la velte						
		En livres tourn.				En francs dans le rapport de 81 à 80.			En livres tourn.				En francs dans le rapport de 81 à 80.		
k.	s.	liv.	s.	d.	mil.	fr.	c.	mil.	liv.	s.	d.	mil.	fr.	c.	mil.
	10	0	10	2	573	0	50	441	0	13	5	054	0	66	278
1		1	0	5	145	1	0	883	1	6	10	109	1	32	536
2		2	0	10	290	2	1	766	2	13	8	217	2	65	112
3		3	1	3	436	3	2	648	4	0	6	326	3	97	609
4		4	1	8	581	4	3	531	5	7	4	434	5	30	225
5		5	2	1	726	5	4	414	6	14	2	543	6	62	781
6		6	2	6	871	6	5	297	8	1	0	651	7	95	337
7		7	3	0	016	7	6	180	9	7	10	760	9	27	893
8		8	3	5	162	8	7	062	10	14	8	868	10	60	450
9		9	3	10	307	9	7	945	12	1	6	977	11	93	006
10		10	4	3	452	10	8	828	13	8	5	085	13	25	562
12		12	5	1	743	12	10	504	16	2	1	302	15	90	674
14		14	6	0	033	14	12	359	18	15	9	519	18	55	787
16		16	6	10	324	16	14	125	21	9	5	736	21	20	899
18		18	7	8	614	18	15	890	24	3	1	953	23	86	012
20		20	8	6	904	20	17	656	26	16	10	170	26	51	124
22		22	9	5	195	22	19	421	29	10	6	387	29	16	236
24		24	10	3	485	24	21	187	32	4	2	604	31	81	349
26		26	11	1	776	26	22	955	34	17	10	821	34	46	461
28		28	12	0	066	28	24	718	37	11	7	038	37	11	574
30		30	12	10	356	30	26	484	40	5	3	255	39	76	686
32		32	13	8	647	32	28	250	42	18	11	472	42	41	798
34		34	14	6	937	34	30	015	45	12	7	689	45	06	911
36		36	15	5	228	36	31	781	48	6	3	906	47	72	023
38		38	16	3	518	38	33	546	51	0	0	123	50	37	136
40		40	17	1	808	40	35	312	53	13	8	340	53	02	248
42		42	18	0	099	42	37	078	56	7	4	557	55	67	360
44		44	18	10	389	44	38	843	59	1	0	774	58	32	473

Prix du demi-Quintal métrique et du Décalitre, d'après le prix du Quintal de livres et de la Velte exprimé dans la première colonne.

Prix du quintal de liv. de la Velte.	Prix du demi-quintal métrique ou des 50 kilogrammes					Prix du décalitre ou des 10 litres remplaçant la velte					
	En livres tourn.				En francs dans le rapport de 81 à 80			En livres tourn.			En francs dans le rapport de 81 à 80
l. s.	liv.	s.	d.	mil.	fr.	c.	mil.	liv.	s.	d.	mil.	fr.	c.	mil.
46	46	19	8	680	46	40	609	61	14	8	991	50	97	585
48	49	0	6	970	48	42	374	64	8	5	208	63	62	698
50	51	1	5	260	50	44	140	67	2	1	426	66	27	810
52	53	2	3	551	52	45	906	69	15	9	642	68	92	921
54	55	3	1	841	54	47	671	72	9	5	859	71	58	035
56	57	4	0	132	56	49	437	75	3	2	076	74	23	147
58	59	4	10	422	58	51	202	77	16	10	293	76	88	260
60	61	5	8	712	60	52	968	80	10	6	510	79	53	373
62	63	6	7	003	62	54	734	83	4	2	727	82	18	484
64	65	7	5	293	64	56	499	85	17	10	944	84	83	597
66	67	8	3	584	66	58	265	88	11	7	161	87	48	709
68	69	9	1	874	68	60	030	91	5	3	378	90	13	822
70	71	10	0	164	70	61	796	93	18	11	595	92	78	934
72	73	10	10	455	72	63	562	96	12	7	812	95	44	046
74	75	11	8	745	74	65	327	99	6	4	029	98	09	159
76	77	12	7	036	76	67	093	102	0	0	246	100	74	271
78	79	13	5	326	78	68	858	104	13	8	463	103	59	384
80	81	14	3	617	80	70	624	107	7	4	680	106	04	496
82	83	15	1	907	82	72	390	110	1	6	897	108	69	608
84	85	16	0	198	84	74	155	112	14	9	114	111	34	721
86	87	16	10	488	86	75	921	115	8	5	331	113	99	833
88	89	17	8	778	88	77	686	118	2	1	548	116	64	946
90	91	18	7	069	90	79	452	120	15	9	765	119	30	058
92	93	19	5	359	92	81	218	123	9	5	982	121	95	170
94	96	0	3	650	94	82	983	126	3	2	199	124	60	283
96	98	1	1	940	96	84	749	128	16	10	416	127	25	395
98	100	2	0	230	98	86	514	131	10	6	633	129	90	568
100	102	2	10	521	100	88	280	134	4	2	850	132	55	620

TABLE de rapport des Décagrammes aux anciens Poids, conformément à la détermination définitive du Mètre.

décagrammes.	livres.	onces.	gros.	dixièmes. centièmes.	décagrammes.	livres.	onces.	gros.	dixièmes. centièmes.	décagrammes.	livres.	onces.	gros.	dixièmes. centièmes.
½	0	0	1	30	34	0	11	0	91	68	1	6	1	81
1	0	0	2	61	35	0	11	3	52	69	1	6	4	43
2	0	0	5	23	36	0	11	6	14	70	1	6	7	04
3	0	0	7	84	37	0	12	0	75	71	1	7	1	66
4	0	1	2	46	38	0	12	3	37	72	1	7	4	27
5	0	1	5	07	39	0	12	5	98	73	1	7	6	89
6	0	1	7	69	40	0	13	0	60	74	1	8	1	50
7	0	2	2	30	41	0	13	3	21	75	1	8	4	12
8	0	2	4	92	42	0	13	5	83	76	1	8	6	73
9	0	2	7	53	43	0	14	0	44	77	1	9	1	35
10	0	3	2	15	44	0	14	3	05	78	1	9	3	96
11	0	3	4	76	45	0	14	5	67	79	1	9	6	58
12	0	3	7	38	46	0	15	0	28	80	1	10	1	19
13	0	4	1	99	47	0	15	2	90	81	1	10	3	81
14	0	4	4	61	48	0	15	5	51	82	1	10	6	42
15	0	4	7	22	49	1	0	0	13	83	1	11	1	04
16	0	5	1	84	50	1	0	2	74	84	1	11	3	65
17	0	5	4	45	51	1	0	5	36	85	1	11	6	26
18	0	5	7	07	52	1	0	7	97	86	1	12	0	88
19	0	6	1	68	53	1	1	2	59	87	1	12	3	49
20	0	6	4	30	54	1	1	5	20	88	1	12	6	11
21	0	6	6	91	55	1	1	7	82	89	1	13	0	72
22	0	7	1	53	56	1	2	2	43	90	1	13	3	34
23	0	7	4	14	57	1	2	5	05	91	1	13	5	95
24	0	7	6	76	58	1	2	7	66	92	1	14	0	57
25	0	8	1	37	59	1	3	2	28	93	1	14	3	18
26	0	8	3	99	60	1	3	4	89	94	1	14	5	80
27	0	8	6	60	61	1	3	7	51	95	1	15	0	41
28	0	9	1	22	62	1	4	2	12	96	1	15	3	03
29	0	9	3	83	63	1	4	4	74	97	1	15	5	64
30	0	9	6	45	64	1	4	7	35	98	2	0	0	26
31	0	10	1	06	65	1	5	1	97	99	2	0	2	87
32	0	10	3	68	66	1	5	4	58	100	2	0	5	49
33	0	10	6	29	67	1	5	7	20					

TABLE de réduction des Kilogrammes en anciens Poids, conformément à la détermination définitive du Mètre.

kilogrammes.	livres.	onces.	gros.	dixièmes. centièmes.	kilogrammes.	livres.	onces.	gros.	dixièmes. centièmes.	kilogrammes.	livres.	onces.	gros.	dixièmes. centièmes.
1/2	1	0	2	74	35	71	8	0	09	70	143	0	0	18
1	2	0	5	49	36	73	8	5	58	71	145	0	5	67
2	4	1	2	98	37	75	9	3	07	72	147	1	3	15
3	6	1	5	46	38	77	10	0	55	73	149	2	0	64
4	8	2	5	95	39	79	10	6	04	74	151	2	6	13
5	10	3	3	44	40	81	11	3	53	75	153	3	3	62
6	12	4	0	93	41	83	12	1	02	76	155	4	1	11
7	14	4	6	42	42	85	12	6	51	77	157	4	6	60
8	16	5	3	91	43	87	13	3	99	78	159	5	4	08
9	18	6	1	39	44	89	14	1	48	79	161	6	1	57
10	20	6	6	88	45	91	14	6	97	80	163	6	7	06
11	22	7	4	37	46	93	15	4	46	81	165	7	4	55
12	24	8	1	86	47	96	0	2	95	82	167	8	2	04
13	26	8	7	35	48	98	0	7	44	83	169	8	7	53
14	28	9	4	84	49	100	1	4	92	84	171	9	5	01
15	30	10	2	32	50	102	2	2	41	85	173	10	2	50
16	32	10	7	81	51	104	2	7	90	86	175	10	7	99
17	34	11	5	30	52	106	3	5	39	87	177	11	5	48
18	36	12	2	79	53	108	4	2	88	88	179	12	2	97
19	38	13	0	28	54	110	5	0	37	89	181	13	0	45
20	40	13	5	77	55	112	5	5	85	90	183	13	5	04
21	42	14	3	25	56	114	6	3	34	91	185	14	3	43
22	44	15	0	74	57	116	7	0	83	92	187	15	0	92
23	46	15	6	23	58	118	7	6	32	93	189	15	6	41
24	49	0	3	72	59	120	8	3	81	94	192	0	3	90
25	51	1	1	21	60	122	9	1	30	95	194	1	1	38
26	53	1	6	69	61	124	9	6	78	96	196	1	6	87
27	55	2	4	18	62	126	10	4	27	97	198	2	4	36
28	57	3	1	67	63	128	11	1	76	98	200	3	1	85
29	59	3	7	16	64	130	11	7	25	99	202	3	7	34
30	61	4	4	65	65	132	12	4	74	100	204	4	4	83
31	63	5	2	14	66	134	13	2	22	200	408	9	1	65
32	65	5	7	62	67	136	13	7	71	300	612	13	6	48
33	67	6	5	11	68	138	14	5	20	400	817	2	3	30
34	69	7	2	60	69	140	15	2	69	450	919	4	5	72

TABLE de réduction des Onces et Livres en nouveaux Poids, conformément à la détermination définitive du Mètre.

onces.	kilogrammes.	décagrammes.	dixièmes. centièmes. millièmes.	livres.	kilogrammes.	décagrammes.	dixièmes. centièmes. millièmes.	livres.	kilogrammes.	décagrammes.	dixièmes. centièmes. millièmes.
1	0	1	530	3	1	46	852	25	12	23	765
1	0	3	059	4	1	95	802	26	12	72	715
2	0	6	119	5	2	44	753	27	13	21	666
3	0	9	178	6	2	93	704	28	13	70	617
4	0	12	238	7	3	42	654	29	14	19	567
5	0	15	297	8	3	91	605	30	14	68	518
6	0	18	356	9	4	40	555	31	15	17	468
7	0	21	416	10	4	89	506	32	15	66	419
8	0	24	475	11	5	38	456	33	16	15	369
9	0	27	535	12	5	87	407	34	16	64	320
10	0	30	594	13	6	36	358	35	17	13	271
11	0	33	653	14	6	85	308	36	17	62	221
12	0	36	713	15	7	34	259	37	18	11	172
13	0	39	772	16	7	83	209	38	18	60	122
14	0	42	832	17	8	32	160	39	19	9	073
15	0	45	891	18	8	81	111	40	19	58	023
				19	9	30	061	41	20	6	974
				20	9	79	012	42	20	55	926
				21	10	27	962	43	21	4	875
				22	10	76	913	44	21	53	826
	0	48	951	23	11	25	864	45	22	2	776
	0	97	901	24	11	74	814	46	22	51	727

SUITE de la Table de réduction des Onces et Livres en nouveaux Poids, conformément à la détermination définitive du Mètre.

livres.	kilogrammes.	décagrammes.	dixièmes. centièmes. millièmes.	livres.	kilogrammes.	décagrammes.	dixièmes. centièmes. millièmes.	livres.	kilogrammes.	décagrammes.	dixièmes. centièmes. millièmes.
47	23	0	678	69	33	77	591	91	44	54	503
48	23	49	628	70	34	26	541	92	45	3	454
49	23	98	579	71	34	75	492	93	45	52	404
50	24	47	529	72	35	24	442	94	46	1	355
51	24	96	480	73	35	73	393	95	46	50	306
52	25	45	430	74	36	22	343	96	46	99	256
53	25	94	381	75	36	71	294	97	47	48	207
54	26	43	332	76	37	20	245	98	47	97	157
55	26	92	282	77	37	69	195	99	48	46	108
56	27	41	233	78	38	18	146	100	48	95	058
57	27	90	183	79	38	67	096	200	97	90	117
58	28	39	134	80	39	16	047	300	146	85	175
59	28	88	085	81	39	64	997	400	195	80	234
60	29	37	035	82	40	13	948	500	244	75	292
61	29	85	986	83	40	62	899	600	293	70	351
62	30	34	936	84	41	11	849	700	342	65	409
63	30	83	887	85	41	60	800	800	391	60	468
64	31	32	838	86	42	9	750	900	440	55	526
65	31	81	788	87	42	58	701	1000	489	50	584
66	32	30	739	88	43	7	652	1100	538	45	642
67	32	79	689	89	43	56	602	1200	587	40	700
68	33	28	640	90	44	5	553	1300	636	35	755

Conversion des Pintes et des Litrons en Litres et Centilitres, et des Veltes et des Boisseaux en Décalitres, Litres et Centilitres.

POUR LES LIQUIDES.						POUR LES MATIÈRES SÈCHES.					
Pintes et Veltes.	Litres.	Centilitres.	Décalitres.	Litres.	Centilitres.	Litrons et Boisseaux.	Litres.	Centilitres.	Décalitres.	Litres.	Centilitres.
1	»	93	»	7	45	1	»	81	1	3	01
2	1	86	1	4	90	2	1	63	2	6	02
3	2	79	2	2	35	3	2	44	3	9	03
4	3	73	2	9	81	4	3	25	5	2	03
5	4	66	3	7	25	5	4	07	6	5	04
6	5	59	4	4	71	6	4	88	7	8	05
7	6	52	5	2	16	7	5	69	9	1	06
8	7	45	5	9	61	8	6	50	10	4	07
9	8	38	6	7	06	9	7	32	11	7	07
10	9	31	7	4	51	10	8	13	13	»	08
11	10	25	8	1	96	11	8	94	14	3	09
12	11	18	8	9	41	12	9	76	15	6	10
13	12	11	9	6	86	13	10	56	16	9	11
14	13	04	10	4	31	14	11	38	18	2	12
15	13	97	11	1	76	15	12	19	19	5	12
16	14	90	11	9	21	16	13	01	20	8	13
17	15	83	12	6	67	17	13	82	22	1	14
18	16	76	13	4	12	18	14	63	23	4	15
19	17	70	14	1	57	19	15	45	24	7	16
20	18	63	14	9	02	20	16	26	26	»	17
21	19	56	15	6	47	21	17	07	27	3	18
22	20	49	16	3	92	22	17	89	28	6	18
23	21	42	17	1	37	23	18	70	29	9	19
24	22	35	17	8	82	24	19	51	31	2	20
25	23	28	18	6	27	25	20	33	32	5	21
26	24	22	19	3	72	26	21	14	33	8	22
27	25	15	20	1	17	27	21	95	35	1	22
28	26	08	20	8	63	28	22	76	36	4	23
29	27	01	21	6	08	29	23	58	37	7	24
30	27	94	22	3	53	30	24	39	39	»	25
40	37	25	29	8	04	40	32	52	52	»	33
50	46	57	37	2	55	50	40	65	65	»	42
60	55	88	44	7	05	60	48	78	78	»	50
70	65	20	52	1	56	70	56	91	91	»	58
80	74	51	59	6	07	80	65	04	104	»	67
90	83	82	67	»	58	90	73	17	117	»	75
100	93	14	74	5	9	100	81	30	130	»	83
200	186	27	149	»	18	200	162	60	260	1	67
300	279	41	223	5	27	300	243	91	390	2	50
400	372	55	298	»	36	400	325	21	520	3	33
500	465	68	372	5	45	500	406	51	650	4	17

TARIF de l'escompte en dehors connu prompt

SOMMES RÉDUITES D'APRÈS LE TAUX DE LA

SOMMES PRINCIPALES	1/4 pour °/°.			1/2 pour °/°.			3/4 pour °/°.			1 pour °/°.		1.1/4 pour °/°.		
francs.	fr.	c.	c.	fr.	c	d.	fr.	c.	c.	fr.	c.	fr.	c.	c.
1	»	99	75	»	99	5	»	99	25	»	99	»	98	75
2	1	99	50	1	99	»	1	98	50	1	98	1	97	50
3	2	99	25	2	98	5	2	97	75	2	97	2	96	25
4	3	99	»	3	98	»	3	97	»	3	96	3	95	»
5	4	98	75	4	97	5	4	96	25	4	95	4	93	75
6	5	98	50	5	97	»	5	95	50	5	94	5	92	50
7	6	98	25	6	96	5	6	94	75	6	93	6	91	25
8	7	98	»	7	96	»	7	94	»	7	92	7	90	»
9	8	97	75	8	95	5	8	93	25	8	91	8	88	75
10	9	97	50	9	95	»	9	92	50	9	90	9	87	50
20	19	95	»	19	90	»	19	85	»	19	80	19	75	»
30	29	92	50	29	85	»	29	77	50	29	70	29	62	50
40	39	90	»	39	80	»	39	70	»	39	60	39	50	»
50	49	87	50	49	75	»	49	62	50	49	50	49	37	50
60	59	85	»	59	70	»	59	55	»	59	40	59	25	»
70	69	82	50	69	65	»	69	47	50	69	30	69	12	50
80	79	80	»	79	60	»	79	40	»	79	20	79	»	»
90	89	77	50	89	55	»	89	32	50	89	10	88	87	50
100	99	75	»	99	50	»	99	25	»	99	»	98	75	»
200	199	50	»	199	»	»	198	50	»	198	»	197	50	»
300	299	25	»	298	50	»	297	75	»	297	»	296	25	»
400	399	»	»	398	»	»	397	»	»	396	»	395	»	»
500	498	75	»	497	50	»	496	25	»	495	»	493	75	»
600	598	50	»	597	»	»	595	50	»	594	»	592	50	»
700	698	25	»	696	5	»	694	75	»	693	»	691	25	»
800	798	»	»	796	»	»	794	»	»	792	»	790	»	»
900	897	75	»	895	50	»	893	25	»	891	»	888	75	»
1000	997	50	»	995	»	»	992	50	»	990	»	987	50	»

sous le nom de remise ou bonification pour paiement.

REMISE PORTÉE EN TÊTE DE CES COLONNES.

1.1/2 pour %.			1 3/4 pour %.			2 pour %.		2.1/2 pour %.			3 pour %.		SOMMES PRINCIPALES.
fr.	c.	d.	fr.	c.	c.	fr.	c.	fr.	c.	d.	fr.	c.	francs.
»	98	5	»	98	25	»	98	»	97	5	»	97	1
1	97	»	1	96	50	1	96	1	95	»	1	94	2
2	95	5	2	94	75	2	94	2	92	5	2	91	3
3	94	»	3	93	»	3	92	3	90	»	3	88	4
4	92	5	4	91	25	4	90	4	87	5	4	85	5
5	91	»	5	89	50	5	88	5	85	»	5	82	6
6	89	5	6	87	75	6	86	6	82	5	6	79	7
7	88	»	7	86	»	7	84	7	80	»	7	76	8
8	86	5	8	84	25	8	82	8	77	5	8	73	9
9	85	»	9	82	50	9	80	9	75	»	9	70	10
19	70	»	19	65	»	19	60	19	50	»	19	40	20
29	55	»	29	47	50	29	40	29	25	»	29	10	30
39	40	»	39	30	»	39	20	39	»	»	38	80	40
49	25	»	49	12	50	49	»	48	75	»	48	50	50
59	10	»	58	95	»	58	80	58	50	»	58	20	60
68	95	»	68	77	50	68	60	68	25	»	67	90	70
78	80	»	78	60	»	78	40	78	»	»	77	60	80
88	65	»	88	42	50	88	20	87	75	»	87	30	90
98	50	»	98	25	»	98	»	97	50	»	97	»	100
197	»	»	196	50	»	196	»	195	»	»	194	»	200
295	50	»	294	75	»	294	»	292	50	»	291	»	300
394	»	»	393	»	»	392	»	390	»	»	388	»	400
492	50	»	491	25	»	490	»	487	50	»	485	»	500
591	»	»	589	50	»	588	»	585	»	»	582	»	600
689	50	»	687	75	»	686	»	682	50	»	679	»	700
788	»	»	786	»	»	784	»	780	»	»	776	»	800
886	50	»	884	25	»	882	»	877	50	»	873	»	900
985	»	»	982	50	»	980	»	975	»	»	970	»	1000

Suite du TARIF de l'escompte en dehors pour prompt

SOMMES PRINCIPALES.	SOMMES RÉDUITES D'APRÈS LE TAUX DE LA.				
	1/4 pour %	1/2 pour %	3/4 pour %	1 pour %	1.1/4 pour %
francs.	fr. c.	fr. c.	fr. c.	fr. c.	fr. c.
1100	1097 25	1094 50	1091 75	1089 »	1086 25
1200	1197 »	1194 »	1191 »	1188 »	1185 »
1300	1296 75	1293 50	1290 25	1287 »	1283 75
1400	1396 50	1393 »	1389 50	1386 »	1382 50
1500	1496 25	1492 50	1488 75	1485 »	1481 25
1600	1596 »	1592 »	1588 »	1584 »	1580 »
1700	1695 75	1691 50	1687 25	1683 »	1678 75
1800	1795 50	1791 »	1786 50	1782 »	1777 50
1900	1895 25	1890 50	1885 75	1881 »	1876 25
2000	1995 »	1990 »	1985 »	1980 »	1975 »
2100	2094 75	2089 50	2084 25	2079 »	2073 75
2200	2194 50	2189 »	2183 55	2178 »	2172 50
2300	2294 25	2288 50	2282 75	2277 »	2271 25
2400	2394 »	2388 »	2382 »	2376 »	2370 »
2500	2493 75	2487 50	2481 25	2475 »	2468 75
2600	2593 50	2587 »	2580 50	2574 »	2567 50
2700	2693 25	2686 50	2679 75	2673 »	2666 25
2800	2793 »	2786 »	2779 »	2772 »	2765 »
2900	2892 75	2885 50	2878 25	2871 »	2863 75
3000	2992 50	2985 »	2977 50	2970 »	2962 50
4000	3990 »	3980 »	3970 »	3960 »	3950 »
5000	4987 50	4975 »	4962 50	4950 »	4937 50
6000	5985 »	5970 »	5955 »	5940 »	5925 »
7000	6982 50	6965 »	6947 50	6930 »	6912 50
8000	7980 »	7960 »	7940 »	7920 »	7900 »
9000	8977 50	8955 »	8932 50	8910 »	8887 50
10000	9975 »	9950 »	9925 »	9900 »	9875 »

connu sous le nom de remise ou bonification paiement.

REMISE PORTÉE EN TÊTE DE CES COLONNES.

1./2 pour %.		1 3/4 pour %.		2 pour %.		2./2 pour %.		3 pour %.		SOMMES PRINCIPALES.
fr.	c.	fr.	c.	fr.	c.	fr.	c.	fr.	c.	francs.
1083	50	1080	75	1078	»	1072	50	1067	»	1100
1182	»	1179	»	1176	»	1170	»	1164	»	1200
1280	50	1277	25	1274	»	1267	50	1261	»	1300
1379	»	1375	50	1372	»	1365	»	1358	»	1400
1477	50	1473	75	1470	»	1462	50	1455	»	1500
1576	»	1572	»	1568	»	1560	»	1552	»	1600
1674	50	1670	25	1666	»	1657	50	1649	»	1700
1773	»	1768	50	1764	»	1755	»	1746	»	1800
1871	50	1866	75	1862	»	1852	50	1843	»	1900
1970	»	1965	»	1960	»	1950	»	1940	»	2000
2068	50	2063	25	2058	»	2047	50	2037	»	2100
2167	»	2161	50	2156	»	2145	»	2134	»	2200
2265	50	2259	75	2254	»	2242	50	2231	»	2300
2364	»	2358	»	2352	»	2340	»	2328	»	2400
2462	50	2456	25	2450	»	2437	50	2425	»	2500
2561	»	2554	50	2548	»	2535	»	2522	»	2600
2659	50	2652	75	2646	»	2632	50	2619	»	2700
2758	»	2751	»	2744	»	2730	»	2716	»	2800
2856	50	2849	25	2842	»	2817	50	2813	»	2900
2955	»	2947	50	2940	»	2915	»	3910	»	3000
3940	»	3930	»	3920	»	3900	»	3880	»	4000
4925	»	4912	50	4900	»	4875	»	4850	»	5000
5910	»	5895	»	5880	»	5830	»	5820	»	6000
6895	»	6877	50	6860	»	6815	»	6790	»	7000
7880	»	7860	»	7840	»	7800	»	7760	»	8000
8865	»	8842	50	8820	»	8775	»	8730	»	9000
9850	»	9825	»	9800	»	9750	»	9700	»	10000

TABLEAU figuratif des nouveaux Poids et des nouvelles Mesures à celles de leurs subdivisions, telles qu'elles ont été déterminées par la

Kilogramme ou 100 Décagrammes.	SUBDI		
	5 Hectogrammes ou 50 Décag.	2 Hectogramm. ou 20 Deag.	1 Hectogr n 10 Déc.
1	$\frac{1}{2}$	$\frac{1}{5}$	$\frac{1}{10}$
Litre ou 100 Centil.	½ Litre ou 50 Centilires.	Double Décilit. ou 20 Centilitres.	1 écilitre ou 10 Centilitr.
1	$\frac{1}{2}$	$\frac{1}{5}$	$\frac{1}{10}$

Indépendamment des poids ci-dessus, il se fabrique pour les fortes pesées et pour l'or et l'argent, les poids ci-après, savoir :

Pour les fortes pesées. { Double miriag. égal à 20 kil. | Demi – miriagr. égal à 5 kil.
Miriagramme. . . . . 10 kil. | Double kilogramme. . 2 kil.

Pour l'or et l'argent. { Double gramme . . . 2 gr. | Décigramme. . . 10e de gr.
Gramme. . . . . 1000e de kil. | Demi-décigram. 5 centig.
Demi-gramme. 5 décigr. | Double centigr. . 2 centig.
Double décigr. . 2 décigr. | Centigramme. . . 10e de déci.

Il se fabrique aussi pour les grandes contenances les mesurés de capacité ci-après, savoir :

Hectolitre. . . . . égal à 100 litres. | Décalitre. . . . . égal à 10 litres.
Demi – hectolitre — 50 litres. | Demi – décalitre. — 5 litres.
Double décalitre. . — 20 litres. | Double litre. . . . — 2 litres.

MESURES D'ÉTENDUE.

Décamètre, nouvelle perche, égal à 10 mètres.

Double mètre, nouvelle toise. égal à 2 mètres.

Mètre, pour les étoffes, se divise en 100 parties appelées centimètres.

Double décimètre, nouveau pied, égal au cinquième de mètre.

Hectare, mesure idéale pour l'arpentage, se divise en cent parties appelées ares.

Are, nouvelle perche carrée, égal à 100 mètres carrés.

liquides, représentant les formes du Kilogramme et du Litre, et loi du 18 germinal an III, et l'arrêté des consuls du 13 brumaire an IX.

VISIONS.

½ Hectogramme ou 5 Décag.	Double Décagramme.	Décagramme.	½ Décagramme.
$\frac{1}{20}$	$\frac{1}{50}$	$\frac{1}{100}$	$\frac{1}{200}$
½ Décilitre ou 5 Centilitres.	Double Centilitre.	Centilitre.	Les mesures à grains sont de même contenance et de même forme cylindrique. Elles ne diffèrent qu'en ce que la hauteur est égale à la largeur; au lieu que dans les mesures à liquide la hauteur est le double de la largeur.
$\frac{1}{20}$	$\frac{1}{50}$	$\frac{1}{100}$	

MESURES DE SOLIDITÉ.

Double stère, nouvelle mesure à bois, égal 2 mètres cubes.
Stère. égal 1 mètre cube.
Décistère, nouvelle solive. . . . . . . égal 1/10 de mètre cube.

MONNAIES.

Pièces de cuivre.
{
Millime, valeur idéale. 1000e
Centime. . . . pesant 1 gramme. . 100e
Double centime — 2 grammes. 50e } de franc.
Décime . . . — 1 décagram. 10e
Double décime — 2 décagram. 5e
}

Pièces d'argent.
{
Quart de franc. — 1 gramme 1/4.
Demi-franc . . — 2 grammes 1/2.
Franc . . . — 5 grammes.
Double franc . . — 10 grammes.
Quintuple, ou pièce de 5 francs, pesant 25 gramm.
}

Pièces d'or.
{
Napoléon, pièce de 20 fr., pesant 6 grammes 2 décigrammes.
Doub. Nap., — de 40 fr., — 12 grammes 4 décigrammes.
}

TABLEAU à l'usage des Marchands détaillants, et
lents aux

POIDS ANCIENS.	POIDS NOUVEAUX ÉQUIVALENTS.
Pour 1 grain... il faut donner	1 demi-décigr. / 1 double centigr. / 1 centigramme. — ou 1 demi-décigr. 3 centigramm.
— 36 grains ou ½ gros. —	1 gramme. / 1 demi-gramme. / 2 doubles décigr. / 1 centigramme. — ou 19 décigrammes 1 centigramme.
— 1 gros... —	1 doubl. gramme. / 1 gramme. / 1 demi-gramme. / 1 double décigr. / 1 décigramme. / 1 double centigr. — ou 3 gramm. 8 décigr. et 2 centigr.
— ½ once... —	1 décagramme. / 1 demi-décagr. / 1 double décigr. / 1 décigramme. — ou 15 gramm. 3 décigrammes.
— 1 once... —	1 double décagr. / 1 décagramme. / 1 demi-gramme. / 1 décigramme. — ou 3 décagr. 6 décigrammes.
— ½ quarteron. —	1 demi hectogr. / 1 décagramme. / 1 gramme. / 1 double décigr. — ou 6 décagr. 1 gr. 2 décigr.
— 1 quarteron. —	1 hectogramme. / 1 double décagr. / 1 doubl. gramme. / 2 doubles décigr. — ou 12 décag. 2 gr. 4 décigr.
— ½ livre... —	1 double hectogr. / 2 doubles décagr. / 2 doubles gram. / 1 demi-gramme. / 1 double décigr. — ou 24 décagr. 4 gr. 7 décigr.

pour leur faire connaître les nouveaux Poids équiva-
anciens.

POIDS ANCIENS.	POIDS NOUVEAUX ÉQUIVALENTS.
Pour 3 quarterons il faut donner	1 double hectogr. 1 hectogramme. 1 demi-hectogr. 1 décagramme. 1 demi-décagr. 1 doubl. gramme. 1 décigramme. } ou 36 décagr. 7 gr. 1 décigr.
—— 1 livre . . . ——	2 doubles hectog. 1 demi-hectogr. 1 double décagr. 1 décagramme. 1 demi-décagr. 2 doubles gram. 1 demi-gramme. } ou 48 décagrammes 9 gramm. ½
—— 1 livre ½ . ——	1 demi-kilogr. 1 double hectogr. 1 double décagr. 1 décagramme. 2 doubles gram. 1 double décig. 1 demi-décigram. 1 centigramme. } ou 73 décagr. 4 gr. 2 décig. 6 centig.
—— 2 livres . . . ——	1 demi-kilogr. 2 doubles hectog. 1 demi-hectogr. 1 double décagr. 1 demi-décagr. 2 doubles gramm. } ou 97 décagr. 9 gr.

N. B. 100 décagrammes valent 1 kilogramme.

10 grammes . . . . . 1 décagramme.

10 décigrammes . . . 1 gramme.

10 centigrammes . . . 1 décigramme.

LE GUIDE

DU VOYAGEUR

A PARIS,

Contenant la description des monuments publics les plus remarquables et les plus dignes de la curiosité des voyageurs, etc.

NOUVELLE ÉDITION ENRICHIE DE FIGURES,

Représentant l'arc de triomphe du Carrousel, la fontaine des Innocents, avec les changements et les additions que nécessitent les circonstances.

Prix, 3 fr. et 3 fr. 60 c. franc de port.

A Paris, chez GUEFFIER, éditeur, rue Galande, n° 61.

Cette deuxième édition, qui est augmentée de plus d'un tiers, rend ce petit livre très-intéressant; aussi l'éditeur peut être assuré d'avance du succès de son Ouvrage et de la nullité de tous ceux qui ont paru sous un titre à peu près semblable depuis sa *première édition publiée en l'an* 10. C'est lui rendre justice que de le féliciter sur les soins qu'il a pris pour rendre son ouvrage utile par la quantité de notes historiques, savantes et critiques dont il est rempli. La partie des Musées surtout y est traitée avec un soin tout particulier; la description en est faite de manière à trouver sous sa main tous les objets de peinture et de sculpture sans avoir recours aux numéros, ce qui le rend d'une grande utilité. Toutes les autres parties de l'ouvrage nous ont paru de même très-soignées. Ce livre surpasse son titre en ce qu'il offre aux personnes éloignées de la capitale et aux étrangers, une nomenclature exacte de toutes les richesses qui composent nos Musées, et généralement de tous les objets d'arts, d'antiquité et d'agréments que renferme cette immense cité. (*Extrait du Mercure et du Télégraphe litt.*)

TABLE DES PARTIES
DE CET OUVRAGE.

FIN DE LA TABLE.